书山有路勤为泾,优质资源伴你行
注册世纪波学院会员,享精品图书增值服务

THE POWER
OF CHARACTER
STRENGTHS

品格优势

APPRECIATE AND
IGNITE YOUR
POSITIVE PERSONALITY

[美]
瑞安·涅米耶克
Ryan M. Niemiec
罗伯特·麦格拉斯
Robert E. McGrath
著
赵昱鲲 段文杰
译

六 大 维 度
解 析 品 格 的 奥 秘

电子工业出版社
Publishing House of Electronics Industry
北京·BEIJING

The Power of Character Strengths: Appreciate and Ignite Your Positive Personality by Ryan M. Niemiec and Robert E. McGrath

ISBN: 978–0–578–43429–2

版权贸易合同登记号　图字：01-2020-4438

图书在版编目（CIP）数据

品格优势：六大维度解析品格的奥秘／（美）瑞安·涅米耶克（Ryan M. Niemiec），（美）罗伯特·麦格拉斯（Robert E. McGrath）著；赵昱鲲，段文杰译．—北京：电子工业出版社，2022.4
书名原文：The Power of Character Strengths: Appreciate and Ignite Your Positive Personality
ISBN 978-7-121-42578-3

Ⅰ.①品… Ⅱ.①瑞… ②罗… ③赵… ④段… Ⅲ.①成功心理—通俗读物 Ⅳ.① B848.4–49

中国版本图书馆 CIP 数据核字（2022）第 028841 号

责任编辑：刘淑丽
印　　刷：北京天宇星印刷厂
装　　订：北京天宇星印刷厂
出版发行：电子工业出版社
　　　　　北京市海淀区万寿路173信箱　　邮编100036
开　　本：720×1000　1/16　印张：15.25　字数：188千字
版　　次：2022年4月第1版
印　　次：2024年7月第5次印刷
定　　价：88.00元

凡所购买电子工业出版社图书有缺损问题，请向购买书店调换。若书店售缺，请与本社发行部联系，联系及邮购电话：（010）88254888，88258888。

质量投诉请发邮件至zlts@phei.com.cn，盗版侵权举报请发邮件至dbqq@phei.com.cn。

本书咨询联系方式：（010）88254199，liusl@phei.com.cn。

终于，瑞安·涅米耶克和罗伯特·麦格拉斯完成了这本备受期待的书！书中提出的24种品格优势可以被广泛应用，这对于所有想要更好地了解自己潜力的人都是有益的。他们可以从这本书中学到具体的策略，让自己和他人表现出最好的一面。

——斯科特·巴里·考夫曼博士，*Ungifted: Intelligence Refined*，
Wired to Create: Unraveling the Mysteries of the Creative Mind 作者

作者提供了至关重要的路线图，让我们可以尽情地享受生活，而不是一味关注过错、缺陷和失败。

——桑德拉·申鲍姆博士，功能医学教练学院创始人兼首席执行官

这本书关注优势而非劣势，以对抗抑郁，提升幸福感。它将使你走上基于优势的转型之路。

——约瑟夫·巴奇加卢波，工商管理硕士，MPEC，
个人和高管高级认证教练

这本书非常有用，可以提升任何人的自信心（从而让世界变得更美好）。这本书基于科学研究，通俗易懂，能够引导人们进一步探索品格优势。

——芭芭拉·温伍德，教练

这是一本充满希望、鼓舞人心的书，结构清晰，易于阅读。这本书传达了很多有用的信息，包括真实的生活故事。

——海伦·奥多诺韦，教育心理学家

我想让我的客户知道，这是一本关于个人优势的权威书籍，他们真的应该拿起它、阅读它、使用它。

——丽莎·桑索姆，教练、顾问

通过将自己的优势融入生活的各个方面，我找到了之前不知道的自己已拥有的东西：对自己的共情和善意，和最亲近的人相互之间的爱意，在至暗时刻的欢笑，对人生每一刻的感恩，以及在整个人生旅程中满怀希望的方法。

——洛娜·弗里斯通，妻子、母亲

依据我们的标志性优势去生活是唯一的生活方式，而这本书包含了人们这么做时可能需要知道的一切。

——罗杰·布雷瑟顿博士，林肯大学心理学院首席讲师

我在34岁时被诊断出患有乳腺癌。我没有相关的家族史。我曾是一名运动员，保持着积极的生活方式，而且在其他方面非常健康。在抗癌之路上，明白自己的优势让我知道了每天应该关注什么。在诊断和治疗过程中，这些品格优势的实践让我一直走在坚韧和幸福的道路上。

——拉妮·西尔弗赛德斯，安多福菲利普斯中学数学教师和运动教练、运动心理学认证教练、认证积极教育家

涅米耶克和麦格拉斯博士是研究品格优势的杰出学者和实践者，他们帮助我深刻理解并运用我的好学、好奇心和热情这三种标志性优势，使我在工作和家庭生活中都游刃有余。我强烈推荐他们的新书。这本杰出的指南包含重要的知识和实用技巧，再加上四步优势建构计划，无疑会有助于你的事业成功，提升幸福感和生活满意度。

——杰弗里·奥尔巴赫博士，高管教练学院院长

作为一名立足于优势的心理治疗师，这本关于品格优势的著作深刻地改变了我的客户看待自己的方式，也改变了我们合作的方式。

——珍妮弗·科里，积极心理学硕士、执业临床社会工作师、

HEART Initiative创始人

这是一本可以改变你的生活的书，就像它改变了我的生活一样。

——克里斯汀·卡特，积极心理学教练、作家

推荐序

品格和美德是人类的优势

很高兴看到瑞安·涅米耶克和罗伯特·麦格拉斯的著作《品格优势》中文版的出版。瑞安和罗伯特都是著名的积极心理学家，不仅学术成就斐然，更具有丰富的实践经验，他们常年为个体与社会机构提供积极心理学与品格优势方面的专业学术支持与指导，帮助很多人不断突破极限，走向更大的成功，获得满满的幸福感。《品格优势》则是他们多年学术与实践工作的结晶，常年名列畅销书前茅。

传统的成功学多强调具体事项的成功，并没有突出人的品格优势在推动成功的过程中所起到的决定性作用，也导致很多关于人生成败的理论更多沦为某种具体情境下的经验之谈，缺少了普遍意义，也并不科学。瑞安和罗伯特在积极心理学领域是较早通过科学研究与科学手段基于人的品格优势与美德来塑造成功与幸福的专业科学人士。品格优势是人的积极品质的总和，是性格、道德、价值观的综合体现，是伟大的人类进化选择出来的人的根本特性。当然，品格优势更是人类有别于动物的根本差异，人类与动物的差异很大程度上体现为人类的智慧、同理心、美好的人格等高级思维与情感活动，而不是基础的生物特质，如呼吸、心跳、肌肉力量等。正因为如此，最值得我们去发现、去发扬、去发掘的就是我们得天独厚的品格优势与美德。

品格优势与美德也是今天在全世界蓬勃开展的积极心理学这门新

兴学科的基石。积极心理学的根本理念是为了平衡过去传统心理学过度关注负面，把主要精力放在将一个人的心理状态从–6提升到–2的这种理论与实践范式的习惯的突破之上。积极心理学家更愿意把目光放在人类的正常情绪与心理状态、正常的价值判断与意义获得方面所耕耘的品格优势与美德上，也就是致力于把一个人的心理状态从+2提升到+6！

今天，积极心理学已经不折不扣地成为当代心理学的一个重要分支，帮助并激励了无数人拥抱灿烂的生命。现代积极心理学运动最重要的发起人马丁·塞利格曼教授认为，积极心理学所研究的问题主要包括三类：

- 积极的主观体验，包括愉快、感恩、成就、爱、幸福等；

- 积极的个人特质，也就是品格优势和美德，包括天赋、个性力量、兴趣、价值、自我实现等；

- 积极的环境机构，包括家庭、学习、社区、整个社会等。

个人特质、个性展现、环境和情境三者之间的和谐与美善启迪了人们对美好生活的向往与追求，激励了人们对美好生命的向往与探索，同时成就了人们构建美好社会的理想与奋斗信心。在提出品格优势与美德理论之后，塞利格曼教授又进一步提出关于"真实的幸福"的PERMA理论。他通过多年的研究与实证发现，一个人要获得真正的、全面的、可持续的幸福（Well-Being），必须在五个方向上积极地发展。这五个方向分别是积极的情绪（Positive Emotions）、积极的投入（Engagement）、积极的人际关系（Relationship）、积极的意义（Meaning）、积极的成就（Accomplishment）。情绪是一种与生俱来的感受体验，投入是对从事的任何活动的参与程度，人际关系是人与世界、他人、自己所建立起来的联系，意义体现了人的价值追求与存在感期待，最后所有的一切都需要用某些良好的结果来体现，我们称这些良好的结果为成就。情绪、投入、人际关系、意义与成就构成了积极心理学所倡导的幸福大厦的五根支柱，这个大厦与支柱的的基础则是"品格优势和美德"。

积极心理学诞生的时间并不长，但其学科理论的着眼点是一个崭新的视角。它把人们从长久地关注人类的阴郁与负向，在范式上转向了关注人类的阳光与正向。它的学术伦理坚守以科学的方法来研究人类积极心理的力量、积极的认知习惯与积极的行为方式。这些积极的原则包括在人类的好学、创造力、善良、爱、热情、诚实、公平、感恩、宽恕、谦逊等品格优势和美德之中。积极心理学就是通过这样的科学研究，试图解释人类那些卓越的积极天性是如何成就人生于美好社会、美好生活的科学极致，从而帮助个人、家庭、组织和社会持续繁荣兴旺、快乐幸福的。它所研究的主要对象也并非那些有心理疾病的人，而是那些心理正常且十分优秀、成功、善良的人。积极心理学的核心思想就是希望人们能知道，是什么品格让一些人在跌倒多次后，仍然有意愿、有勇气、有能力爬起来；是什么品格促使一些人能不断地战胜生活中的种种困难与挑战、痛苦与艰辛，并最终拥有"丰盛"而灿烂的人生；是什么品格让他们哪怕只是平凡的普通人，却随时拥有"内圣外王"的伟大情怀，成就更好的自己。

这才是积极心理学的真正内涵所在。所以在发起积极心理学运动之后，塞利格曼联合著名的人格心理学家克里斯多弗·彼得森，一起整理出了古往今来所有主流文明都推崇的人类六大美德、二十四项品格优势的系统，也就是本书所介绍的内容。

在这里，我要尤其强调一下"优势"的概念。传统文化比较容易增加我们对负面信息的接收效应，严重忽视那些积极、正面的信息，这会使人变得缺乏自我意识和自信心，丧失原有的优势。其实，能够真正助力人们成长和发展的，往往是优势，而不是劣势和不足。

例如，全球著名的民意测试和商业咨询公司盖洛普曾经对51家公司的10 885支团队里的308 798名员工进行了长达3年的追踪研究。结果发现，那些能够发挥优势的员工在争取顾客和生产力方面表现优异的可能性分别高44%和38%。盖洛普对2 000多名经理的优势调查发现，注重发挥下级员工优势的经理成功的可能性高86%。

所以，有时费心尽力地弥补短板，不如尽量发挥自己的优势，因为一个人在发挥优势时会更专注，更有掌控感，所以也会做得更好。相反，当一个人被迫在自己的劣势领域做事，就很难有全身心投入的感觉，结果也会大打折扣。

品格，也可以是一种优势。品格与性格、特质等不同的地方在于，品格本身就带有社会推崇、道德崇高的属性。性格、特质很难说优劣，我们不能说外向就比内向好，右撇子就比左撇子好，但我们可以说善良比凶恶好，爱比恨好，勇敢比懦弱好，勤劳比懒惰好，自律比放纵好，坚持比放弃好，希望比绝望好。

为什么我们推崇这些品格呢？因为它们不仅是道德的产物，更是进化的结果。人类在进化过程中，那些友爱、善良的人比狠毒的人更有生存优势，那些勤劳、勇敢的人比懒惰、懦弱的人更有生存优势，那些坚毅、乐观的人比放纵、悲观的人更有生存优势，因此人类才进化出这些品格。这是人类跟动物相比较而言最大的优势。

在传统社会，对于美德、品格往往采取比较僵化的灌输式教育，因此一说起品格和美德，很多人就会反感。但是在科学昌盛的今天，心理学已经把很多品格的进化优势、实用功能、心理机制研究得非常透彻，这时候我们应该吸取科学的教诲，珍视品格和美德，以自己的品格和美德为荣，把它们竭力应用在自己的生活之中，这会使自己、别人、世界变得更好。

本书译者之一赵昱鲲是我已毕业的优秀博士生，中英文能力都很突出，在积极心理学方面积累深厚，他也是塞利格曼的硕士生；另一位译者段文杰也是国内积极心理学界引人注目的青年才俊。有这样的作者和译者组合，相信本书可以帮助中国读者更好地发现自己的品格优势，把人类的美德通过我们每个人发扬光大，从而让我们的社会和我们赖以生存的地球变得更加美好！

彭凯平

清华大学社会科学学院院长

摆在你面前的这本书讨论了你内心深处最美好的东西——你的品格优势。

正如诗人沃尔特·惠特曼曾经指出的那样，"品格和个人力量是唯一永远值得的投资"。本书提供了对自己进行投资的秘诀。你永远不会后悔付出时间和精力致力于个人发展，因为这既能帮助你成长，也有益于他人。

书中的文字与潜藏于你内心深处的东西相比，根本不算什么。它是你和你的潜能的反映。你即将看到并发挥这种潜能，不仅是为了你自己，也是为了他人。你运用品格优势的方式——无论是单一优势还是多重优势——使你变得特别。你的品格优势支持你，也支持他人。没有两个人会以同样的方式运用品格优势。在本书中，你将发现如何利用自己的品格优势，成为最好的自己，成为你最想成为的人！

本书试图在概念与实践之间取得平衡。本书分为三部分。第一部分介绍了品格优势的关键概念，为什么它很重要，以及为什么它可能对你很重要。第二部分是本书的主要内容，描述了科学家在人们身上发现的24种品格优势。第三部分强调了怎么去做。我们概述了"优势建构"（Strengths Builder）计划，这是一个立足于科学的为期四周的实用课程，能够增强你的品格优势，使其在你的人生中发挥更大的作用。

你不必把这本书从头到尾读一遍。你可以先读第一部分，然后在第二部分中选择最感兴趣的品格优势来读。你也可以仔细阅读在第二部分中出现的你自己的每种标志性优势。对于你所关注的任何一种品格优势，请仔细了解、思考问题，并用书中的日常生活中的例子来对照自己。最重要的是，尝试我们提供的多种实践活动。我们希望你能不断地翻看第二部分，把它作为关于品格优势的资源，或者基于品格优势的实践方法的参考。正如我们常说的那样，所有24种品格优势都很重要。在我们寻求健康、建立人际关系、克服压力和实现目标的过程中，每种优势都以不同的方式帮助我们。

在对品格优势进行了一些探索、讨论和练习之后，请你翻到第三部分，仔细地完成四步优势建构计划。你可以自己做，但最好和别人一起做。与队友或同事一起完成这个计划。与伴侣、朋友或家人讨论。作为营造更强大的社区的一种方式，把它介绍给你的邻居。当准备好之后，你一定要采取行动，反思你所体验到的观点和发生的积极变化，并不断（部分地或全部地）重复这个计划——多多益善。

最后，在你的一生中，不断运用品格优势惠及他人。我们希望你更多地利用品格优势，为一个更美好的世界做出贡献。

当你读完本书，并将品格优势完全融入人生旅程时，我们希望你能和我们一样，为品格优势而感到兴奋！

愿你在对品格优势的认识中成长。

愿你欣赏、激发并增强品格优势。

愿你用品格优势造福他人。

愿你的生活充满幸福。

目 录

第三部分 优势建构计划

VIA品格优势和美德分类

　　美德是指在不同文化和时代中人们都重视的6个核心特质。品格优势是指24种积极的人格要素，是通向美德的途径。

———— 美德：智慧 ————

- **创造力**：具有独创性和适应性，表现出创造性，以不同的方式看待问题和做事
- **好奇心**：感兴趣，追求新奇，喜欢探索，乐于体验
- **判断力/批判性思维**：考虑周全，不草率下结论
- **好学**：对掌握新技能和信息感兴趣，系统地学习知识
- **洞察力**：睿智，提供明智的建议，着眼于大局

搜集和运用知识的优势

———— 美德：勇气 ————

- **勇敢**：展示勇气，在威胁或挑战面前不退缩，直面恐惧，为正义发声
- **毅力**：坚持不懈，勤奋，有始有终，克服障碍
- **诚实**：真实，忠于自我，真诚，表现出诚信
- **热情**：充满活力，对生活充满热情，朝气蓬勃，精力充沛，全心全意做事

锻炼意志和面对逆境的优势

———— 美德：仁慈 ————

- **爱**：爱和被爱，重视与他人的亲密关系，展现出真诚的热情
- **善良**：慷慨，照顾他人，关怀，有同情心，利他主义，为他人服务
- **社交智能**：情商高，能意识到自己和他人的动机和感受，知道是什么让他人这么做

处理一对一人际关系的优势

美德：公正

- **团队合作**：好公民，有社会责任感，忠诚，为团队合作做贡献
- **公平**：坚持公正的原则，不让情感影响决定，为所有人提供平等的机会
- **领导力**：组织团队完成任务，积极引导他人

处理社区或团体人际关系的优势

美德：节制

- **宽恕**：接受他人的缺点，给他人第二次机会，受委屈后释然
- **谦逊**：谦虚，让成就为自己说话
- **审慎**：认真对待自己的选择，谨慎，不冒不必要的风险
- **自我规范**：自我控制，自律，能够控制冲动、情绪和恶习

管理习惯和防止放纵的优势

美德：超越

- **欣赏美和卓越**：体验到对美的敬畏和向往，欣赏他人的卓越技能和优秀品质，并以此提升自己
- **感恩**：感谢生活中的美好事物，表达感谢，感到幸福
- **希望**：乐观、积极、着眼未来，期待最好的结果，并努力实现它
- **幽默**：风趣，给别人带来欢笑，心态轻松，看到光明的一面
- **灵性**：对生命的更高目的和意义有清晰的信仰，知道自己在世界上的位置，有丰富的精神世界并用崇高的信念塑造自己的行为

提供人生意义并联结更广大的世界的优势

第一部分

引言

你是一个有品格的人。事实上，我们每个人都是。我们每个人在不同程度上都有某些被其他人钦佩和尊重的特质，这些特质就是"品格优势"。对你来说，有些优势可能已经展现出来，在生活中发挥得淋漓尽致；有些优势可能处于休眠状态，等待你将注意力重新转向它们；有些优势则可能多年来从未得到过你的有意关注。无论你依靠的是哪些优势，它们都已经存在于你身上了。

这是一本为那些想要更多地了解品格及自身品格，从而让自己的人生变得更美好的人而写的书。你将了解是什么将你定义为一个值得他人尊重、爱和欣赏的人，以及如何利用这些积极因素来提升幸福感，改善人际关系，营造更好的社区。

品格是你个性中让其他人欣赏、尊重和珍惜的那部分。正是你这些方面的体现，使人们将你视为一个正直的人、一个有贡献的人、一个可以信赖的人。

VIA品格研究所发现，人类有24种核心品格优势，每种品格优势都属于更大的类别，我称之为美德。这些品格优势是我们个性中的积极部分，如善良、好奇心和毅力。这些品格是我们作为一个人的重要组成部分，被他人和整个社会认为是可贵的。在本书的前面，你可以看到24种品格优势和它们所属的美德的完整列表。这个系统被称为VIA品格优势和美德分类。有些情况下，你可能疑惑，为什么这种优势被划分在某种美德下，而非另一种。当制定VIA分类时，设计者意识到优势和美德之间的联系并不完美。有些优势与某种特定的美德之间的联系比其他的美德更明显，但有些优势则可能体现了不止一种美德。你不需要太执着于这些联系，它们的目的只是让你大致了解优势是如何聚集和彼此增强的。

> 品格是你个性中让其他人欣赏、尊重和珍惜的那部分。

VIA分类是杰出的科学家克里斯托弗·彼得森和马丁·塞利格曼领导50多位科学家经过数年研究得出的成果。这些科学家在各个国家和各种文化中寻找那些被普遍认为是人类最重要组成部分的特质。除了研究各大洲数以万计的人，他们还去了地球上最偏远的地方，与那里的人们讨论这些品格优势。例如，他们与肯尼亚的马赛部落成员和格陵兰岛北部的因纽特人进行了交谈，这些地方很少有外人去过。他们询问当地人有关这些品格优势的问题：它们在当地文化中是否受到重视，是否有方法培养它们，以及它们是否令人有成就感。这些致力于品格优势研究的科学家了解到，品格优势是使我们之所以成为人类的重要组成部分。

随着品格优势的研究蓬勃开展，一个用于理解VIA分类的层次结构变得更加清晰（见图1-1）。

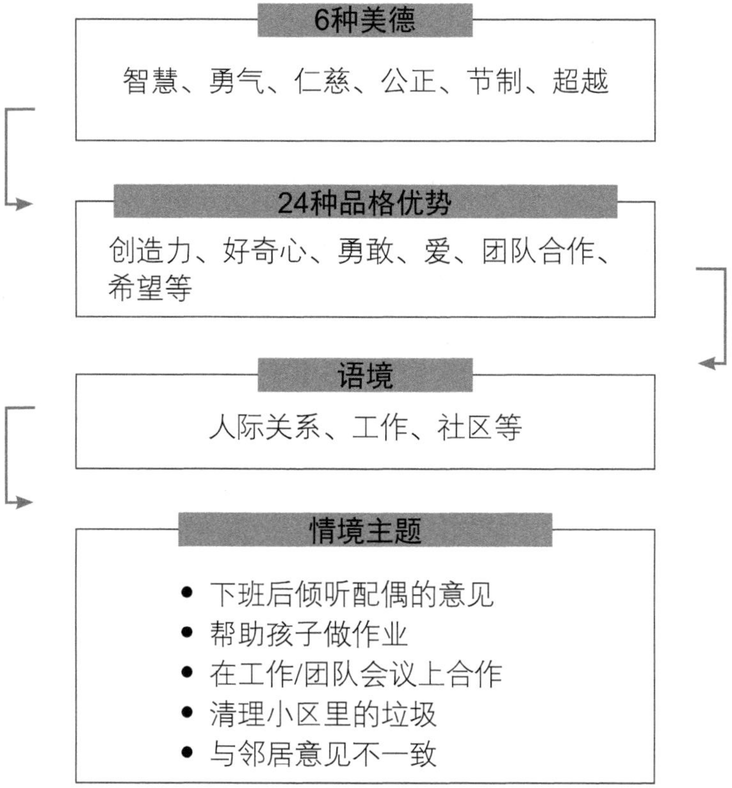

```
┌─────────────────────────────────────┐
│              6种美德                  │
│   智慧、勇气、仁慈、公正、节制、超越    │
└─────────────────────────────────────┘

┌─────────────────────────────────────┐
│            24种品格优势               │
│   创造力、好奇心、勇敢、爱、团队合作、  │
│   希望等                              │
└─────────────────────────────────────┘

┌─────────────────────────────────────┐
│              语境                     │
│       人际关系、工作、社区等           │
└─────────────────────────────────────┘

┌─────────────────────────────────────┐
│             情境主题                  │
│   ● 下班后倾听配偶的意见               │
│   ● 帮助孩子做作业                    │
│   ● 在工作/团队会议上合作              │
│   ● 清理小区里的垃圾                  │
│   ● 与邻居意见不一致                  │
└─────────────────────────────────────┘
```

图1-1 用于理解VIA分类的层次结构

美德是在不同的时代、文化和信仰下都被哲学家和神学家重视的特质，而品格优势则扩展了美德的范畴，通常被视为通往智慧、勇气、仁慈等美德的途径。这些优势体现在我们生活的重要领域中（如工作、上学、处理社区关系和人际关系等）。你可以运用领导力来组织一个社区项目，或者凭着毅力完成一项工作任务。在任何情境中，都有无数的场景或情境主题（举几个工作情境中的例子——参加团队会议、和老板谈话、帮助客户），当身处其中时，你会运用品格优势。

品格优势是我们身份的基本构成要素。研究表明，当通过思想或行动体现出品格优势时，我们通常会感到更快乐、与周围联结更紧密，以及更有效率。品格优势的特别之处在于能够提升个人幸福感，改善人际关系，并营造更好的社区。例如，好奇心帮助你探索新的想法、人和地方；团队合作使你能够在项目中与他人协作并看到每个人贡献的价值；勇敢帮助你走出舒适区，挑战自己和他人。

> **品格优势扩展了美德的范畴。**

值得注意的是，并不是每项个人特长都是品格优势。天生就会玩音乐、打篮球，或者有空间能力、写作能力等天赋也是优势，但它们不是品格的一部分。天赋更多的是天生的，很难改变。品格优势不同于我们的兴趣和激情，后两者让我们投入自己喜欢的话题和活动；它们也不同于我们学到的技能，如计算机或演讲技能。兴趣、激情和技能是重要的，可以为我们和周围的人做出贡献，但它们不一定成为我们如何看待自己的核心。相比之下，品格优势则直接指向我们的核心。它们反映了我们作为人的基本"存在"，以及"所为"，即我们为世界提供的美好。

除了6种美德，另一种对优势分类的方法是用大脑和心灵来划分优势。大脑的优势更多的是分析、逻辑和思考，如判断力、审慎、公平、好学和洞察力。心灵的优势集中在我们的感觉、直觉和情感关系上，如善良、爱、幽默、感恩和灵性。没有哪种优势能被完美地归入某一类，因为每种优势都兼有大脑和心灵的元素。分类只是指出优势更倾向于哪一类。一般来说，心灵类的优势与幸福感和满足感的联系应该更紧密，但大脑和心灵的优势对于我们成为一个全面发展的人都很重要。

为什么要关注品格优势

这是一个重要问题。首先，我们将通过汉娜的经历来回答它。

汉娜是一位中年已婚妇女，有两个孩子。她觉得自己的生活正在滑坡、失控。作为一名时装设计师，她感到工作很无聊，毫无意义。她的两个孩子现在越来越独立，对她所珍惜的"母子联结"没什么兴趣。她的婚姻缺失了亲密感。她和丈夫各自忙碌，在家里似乎只是擦肩而过的陌生人。总体来说，汉娜感到很沮丧，有时焦虑，有时心烦意乱，而且自己的感觉通常跟生活脱节，似乎她在自己的生活中只是一个被动的参与者。自从母亲突然去世以来，她这样已经有好几年了。对汉娜来说，好的一面是她有两三个亲密的朋友，每隔几个星期会一起喝咖啡。

有一天，在一起喝咖啡的时候，她的朋友建议她做一个测试，以了解她的品格优势。汉娜的反应是："我自己早就知道了。"但她的朋友很坚持，汉娜的不情愿变成了妥协！"好吧，我会做的。"当天晚上，汉娜信守承诺，做了网上的VIA调查来评估自己的品格优势。她心不在焉地打印出结果，并没有抱太大期望。过了一会儿，她低头瞥了一眼那张纸，然后仔细地看了一遍自己的品格优势。

她一个接一个地读着。善良、感恩、诚实、好奇心、幽默。"这是我吗？"她大声问道，感到兴奋、惊讶和好奇。她读着每种优势的描述，思考了一会儿。就在那一瞬间，汉娜意识到了一件事："我想找回我的生活。不，我要找回我的生活。而现在我知道该怎么做了！"

于是汉娜开始通过这些品格优势来看待她的生活和世界。她把自己的品格优势档案贴在厨房里，作为观察、讨论、记忆和反思品格优势的催化剂。那些排名在前的优势是她与他人互动的基石。在与丈夫的每次对话中，她都把善良和诚实放在首位，以一种善意的方式分享她多年来对他们的交流的感受和看法。尽管她的工作一直不顺利，但她还是营造了一种轻松幽默的氛围来与同事互动。好奇心驱使她寻找新的设计，探索什么是有效的，什么是无效的，对同事和客户的意见提出疑问。她寻找各种方式来感恩自己设计服装并为他人带来快乐的能力。她把最多的感恩和幽默留给了两个儿子，带着尊重慢慢接近他们，并在适当的时候对他们的积极品质和日益成熟的独立能力给予赞赏。

这5种品格优势（以及其他19种）中的每种都一直存在于汉娜体内。当她在生活中走过场的时候，它们就处于休眠状态，没有被充分利用。汉娜以前从来没有想过要发挥自己的品格优势，在每次互动中激活它们。在接下来的几周里，她的精力增加了。她有了目标，的确，她已经找回了自己的生活。几个月后，汉娜好奇的提问、表达感激的言语、频繁的笑声、直接和诚实的交流方式，以及对他人体贴和关心的行为已经成了她生活的主流。

汉娜改变了她的生活。两年后，汉娜的品格优势档案仍然放在厨房的同一个地方，但现在加入了她丈夫和两个儿子的品格优势档案。对汉娜和她的亲人来说，好处是显而易见的：对自己的品格优势，汉娜保持关注和热情，同时注意并欣赏生活中其他人的品格优势，并且激励其他人也关注并欣赏他们自己的品格优势。

为什么品格优势很重要？让我们从两个角度来审视这个问题，这两个角度都发生在汉娜的故事中。当事情进展顺利时，我们可以通过品格优势来看到自己和他人身上最好的东西。当事情进展不顺利时，我们可以利用品格优势来看待困难，将焦点从消极转移到积极，通过思考我们的优势而非问题来避免过度的自我批判。发挥品格优势——欣赏美和卓越或好奇心等——可以帮助我们注意到周围的美好事物，发现我们如何做得更好，并促进积极、良性、健康或更平衡的行为。当回顾这些重要的观点时，请你记住它们。

放大和发展积极的一面

我们可以从积极的角度来审视品格优势的重要性。研究表明，在生理、心理、情感、社会和精神领域运用品格优势有许多好处。在许多领域中，尤其是商业和教育，也包括医疗保健、教练、心理治疗和咨询等，品格优势的好处都得到了证明。品格优势的具体好处可以与幸福感的每个主要元素——积极的情绪、投入、意义、良好的关系及成就联系在一起。它们还与其他许多好处有关，帮助我们放大生活中的积极因素，如自我接纳、自主性、进步、身体健康、激情和复原力。最新研究表明，与注重弥补不足的技术相比，帮助人们提升实力的技术具有重大的优势。但是，关注积极的一面并不等于忽视消极的一面。

从消极的一面中学习并重建

研究表明，人类在思维上存在许多倾向。其中一个倾向是，我们容易记住负面事件，而且受负面事件的影响多于正面。问题和令人沮丧的情绪像胶水一样粘在我们身上。优势可以帮助我们平衡这个方程式。我们需要从消极的经历中学习，受到激励和警示，并促进自我成长，但我们不应该被这些经历禁锢。反思优势能够帮助我们抵消负面经历带来的消极影响，帮助我们找出避免重复发生的最好办法，并且提醒我们，即使在消极情况下，我们仍有独特的资源可利用。

消极情绪最强烈的地方莫过于工作场所。研究表明，大多数人对自己在做的工作不感兴趣。我们按部就班，陷入例行公事中，工作效率不高。但研究也表明，当在工作中最大限度地发挥并运用品格优势时，我们将变得更快乐、更有成效，也更投入。

> 品格优势的具体好处可以与幸福感的每个主要元素联系在一起。

研究还表明，品格优势有助于我们更有效地处理问题。例如，运用品格优势跟工作场所中压力的降低和应对能力的提高、学校中冲突的减少、家庭中抑郁症状的减轻都有关联。

最后，我们每个人在自我认识上都有盲点——不存在完全觉知自我的人。我们对自己不了解的地方比了解的地方更多。而在某些情况下，别人比我们更清楚我们的表现！品格优势就像自我意识的增强剂，帮助我们填补了自我认识中的一些空白。

一种共享的语言

想象一下，你走进了一个房间，房间里有一群人混杂在一起，没有人能够与其他任何人交流，无论是口头的还是非口头的。于是你在人与人、桌与桌之间徘徊，却无法沟通。每个人的讲话方式对你来说都是陌生的；你感觉到你们之间有一些共同点，但无法抓住它。你跟每个人都有距离，而你没有工具去搭建一座沟通桥梁。此时你会有什么感觉？困惑、沮丧？感觉断线了？被蒙在鼓里？

在2004年之前，还没有一种"共同语言"来谈论人类最美好的东西。虽然也有个人写的关于美德和积极品质的书，但这些书通常聚焦于特定的宗教或文化（尤其是西方文化）的美德。也就是在那个时段，心理学领域才开始真正关注这个问题：什么是人类最美好的东西？其结果就是2004年推出的《VIA品格优势和美德分类》。有史以来第一次，我们有了一种共同的语言来相互交流最好的自己。现在，就像说同一种母语一样容易，我们描述同事的勇敢和毅力，强化孩子的创造力和善良，运用自己的社交智能帮助需要帮助的人，用感恩和希望来获得支撑。这个VIA分类为全球科学家的数百项研究铺平了道路，这些科学家每个月都会有新的发现，以推动品格科学的发展。而这些研究又促使数以千计的心理学、教练、教育、商业等领域的从业者把这些新发现运用到他们的客户、学生和员工身上，将他们身上最好的部分发挥出来。

独一无二的你

品格是"复数"。科学家克里斯托弗·彼得森认为，这点是他在超过15年的品格优势和积极心理学研究中最重要的发现。彼得森的意思是，品格不能用单一的概念如诚实或正直来衡量。相反，人们会表现出各种各样的品格优势，而且几乎总是同时表现出多种优势。

你的品格可以被勾勒出来。它被勾勒为个人的优势档案，包括排名从高到低的各种品格优势。VIA品格调查是VIA品格研究所提供的关于品格优势的几种免费测试之一。在做完这个在科学上证明有效的测试后，你会收到品格优势档案。优势排名从1到24，显示了你丰富多彩的品格画卷。

有趣的是，几乎没有人拥有和你一样的品格优势档案。24个品格优势构成了600×10^{21}（数字6后面跟着23个0！）那么多的组合，所以很少有完全相同的档案。

独特性并不仅限于此。虽然我们每个人都有24种优势，但每个人表达每种优势的方式都是独一无二的。没有人和你用同样的方式表达这些品格优势。你的个人优势模式反映了你独特的品格。此外，在生活中的各种情况下，你都会表现出自己的品格优势的组合，而这种表现会随着情况的不同而有所不同。例如，在某些情况下，你会表现出更多的热情（如在体育赛事上），或者更少的热情（如在殡仪馆里）。这样一来，你的优势就以"多或少"为度，而不是以"好或坏"或"有或无"为度。"有或无"是诊断医学问题或心理障碍的标准方法。如果你的血糖长期达到一定水平，你就被诊断为糖尿病。如果你符合一定的标准，如情绪低落，在愉快的活动中缺乏动力，有睡眠、饮食、注意力问题，你就被诊断为患有某种抑郁症。这些都是"有或无"的情况。相反，优势强弱是一个程度问题。问很多问题的朋友不是"好奇的人"，你的母亲也不是"充满爱的人"。拥有"好品格"或"完美品格"的人能运用所有的24种优势而不犯错误，这样的人是不存在的，正如拥有零优势而完全"坏"的人不存在一样。

人类要更复杂，更多样化。例如，虽然某些人会表现出强烈的好奇心和爱，但这些人也并不一直表现出好奇心和爱。有时他们会抑制它们，而很多时候他们会使用其他品格优势。

标志性优势最能体现你的独特性。标志性优势的概念是VIA分类的一个重要部分。它们是你的优势档案中最强或最突出的优势。你自己的前5种优势是最值得密切关注的品格元素（前5种优势有超过510万个可能的组合），它们拥有巨大的潜力。归根结底，它们很可能是对你最重要、在你的个人认同中最核心的优势。在VIA研究所，我们发现标志性优势有3个共同的关键特征，被称为"3E

［必不可少的（Essential）、毫不费力的（Effortless）、充满活力的（Energizing）］"（见图1-2）。

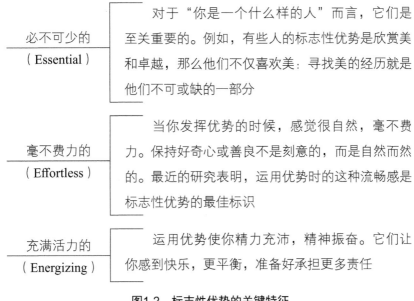

必不可少的 （Essential）	对于"你是一个什么样的人"而言，它们是至关重要的。例如，有些人的标志性优势是欣赏美和卓越，那么他们不仅喜欢美：寻找美的经历就是他们不可或缺的一部分
毫不费力的 （Effortless）	当你发挥优势的时候，感觉很自然，毫不费力。保持好奇心或善良不是刻意的，而是自然而然的。最近的研究表明，运用优势时的这种流畅感是标志性优势的最佳标识
充满活力的 （Energizing）	运用优势使你精力充沛，精神振奋。它们让你感到快乐，更平衡，准备好承担更多责任

图1-2 标志性优势的关键特征

研究表明，平均而言，参加VIA调查的人认为24种优势中约有5种是标志性优势。探索自己的这些优势，在家庭、工作、人际关系和社区中寻找新的方式来运用这些优势；这就是所谓的"做真实的自我"的一部分。

在VIA分类中，我们经常说24种品格优势都很重要。这意味着所有的优势都有其好处，也意味着你个人的标志性优势具体是哪些并不重要。无论它们是什么，重要的是你要去了解、探索并使用它们。你可能希望勇敢是你第一位的优势，而你很遗憾它实际上排在了最后一位。提升勇敢是可以的，但是与此相比，一个更好的建议是首先去充分注意、探索、欣赏和表达自己排名最前的那些优势。

在这之后，去探索如何运用并提升自己的中、弱优势是一个值得考虑的重要方面。实际上，你的任何一种中等或更弱的优势在某种特定情况下都可以作为我们所说的"阶段性优势"来使用。阶段性优势是指你在特定情况下所强烈表现出来的一种非标志性优势。当你"应声而起"时，就会发生这种情况。例如，如果你的勇敢优势排名不高，但当你作为一个独立的声音与一群持不同意见的人分享不受欢迎的意见时，勇敢就是你的阶段性优势。如果平时善良优势不明显，但看到街上有人受苦时，你迅速地、富有同情心地行动起来，用时间和金钱帮助他们，你就是在运用善良这种阶段性优势。

24种优势中的每种优势，无论它是你的标志性优势，还是可能作为阶段性优势使用的中、弱优势，都能对你和他人的生活产生积极的影响。记住，每种优势都很重要。

种子的培育和成长

品格优势是可以发展的。过去10年，人格心理学研究得出了一个令人振奋的发现，即我们的个性，包括我们的品格，可以改变。人的品格通常长期保持不变，但许多因素会导致它的变化。这些因素可能包括生活角色的变化，如结婚、生子或参军；意外事件，如创伤经历（自然灾害或遭受虐待等）；以及你因期望改变而自己有意做出的干预。

想一下这个隐喻：把你的各种品格优势看作种子。

想象一下，你发现自己有24颗种子，每颗都有不同的大小和颜色。你把它们并排种在一起，确保每颗种子都能得到阳光、肥沃的土壤和充足的水，但你不知道哪颗种子会开花。你仔细地观察每颗种子，发现有的种子很快就发芽了，而其他的种子则发芽较慢。随着时间的推移，有的种子长成了美丽的花朵，有的长成了高大的树木或耐寒的灌木；而其他的则平淡无奇，只是生出不起眼但耐寒的植物。每种植物都很重要而且值得关注，因为它的成长不仅是其内在构成与环境交互的产物，也是你对它的关注的产物。每种植物都为地区景观做出了自己的贡献。

你的一些品格优势可能以一种明显的方式生长乃至蓬勃发展，很容易被朋友和家人注意到。其他优势可能被你更主要的优势所掩盖，就像一株小花试图在叶子茂密的大树下生长。你会发现，你的一些品格优势已经蛰伏了几个月甚至几年，不被人注意，不被人欣赏。有些优势像带刺的玫瑰花丛；而有些则像缺水的植物一样虚弱，耷拉着脑袋。无论如何，对于你的每种品格优势，请记住这句话：你关注什么，什么就会生长。你能够对这些积极的品质产生影响。

人们很容易把自己的优势视为理所当然。忽视它们是司空见惯的事。但现实是，我们在许许多多小的方面运用着这些优势，而这对我们的生活很重要。许多研究者都讨论过优势如何分别以"大"和"小"的方式呈现。例如，"大"创造力是指具有巨大影响力的东西，如文森特·梵高的《星月夜》，而"小"创造力则可能表现在你想出开车回家的一条新路，避开了交通堵塞。同样，"大"领导力可以体现在一个有影响力、感召力的总统或市长身上，而"小"领导力则体现在你组织几个朋友度过了一个欢乐的夜晚。由于本书更注重品格优势的"小"运用，我们在下面的表格中为24种品格优势分别提供了一个例子（见表1-1）。顺便说一下，不要把"小"理解为微不足道或太小而无关紧要；恰恰相反，我们相信这些品格优势的运用可以为自己、他人及更大的社区创造并聚集可观的好处。

表1-1 品格优势运用的"小"例子

品格优势	"小"例子
智慧类优势	
创造力	尝试一种新的衣服搭配方式
好奇心	在网上查找感兴趣的内容
判断力/批判性思维	明了某人对自己有负面影响,并避开那个人
好学	阅读关于政治或社会问题的一篇长文章
洞察力	感觉不堪重负时,仍记得其他人可能比自己更糟
勇气类优势	
勇敢	做一件让你害怕,哪怕只有一点点害怕的事情
毅力	回到你不感兴趣的任务上
诚实	做错事后承认
热情	为一天中发生的某件小事而兴奋
仁慈类优势	
爱	看到并欣赏你亲近的人身上某些你从未注意过的积极的东西
善良	赞美在街上遇到的陌生人
社交智能	在别人说话之前就意识到他在想什么
公正类优势	
团队合作	帮助同事在项目中感受到被接纳
公平	以双方都认可的方式来解决与伴侣的冲突
领导力	概述如何实现团队目标
节制类优势	
宽恕	对一次小小的侮辱置之不理,不说刻薄的话回敬

续表

品格优势	"小"例子
谦逊	做了好事不让他人知道
审慎	在生气时控制住自己，不发脾气
自我规范	在不想锻炼的时候仍坚持锻炼
超越类优势	
欣赏美和卓越	注意到你一直喜欢的一幅画或一段音乐中的一些新的美好的东西
感恩	真诚地感谢别人送的小礼物
希望	在当下压力大的情势下，想到未来的积极成果
幽默	通过讲笑话让人放松
灵性	回想你与所爱的一个人有过的某个神圣或非常有意义的时刻

> 人们很容易把自己的优势视为理所当然。

随着对品格优势的知识和技能的了解，你在生活中也将越来越有动力去更多地使用品格优势。本书为你提供了事实、例子、想法和实践，帮助你产生并保持积极的影响。你可以利用这些资源采取行动，将自己的优势提升到新的高度。

开始

关于学习和了解自己的品格优势，有两个很好的出发点。其一是让自己能熟练地对他人进行"优势识别"；其二是参加VIA测试，了解自己的结果。我们将在这里重点介绍这两个出发点。

对他人进行"优势识别"

"我觉得自己很有能量！"一位年轻女士一边说，一边挥动着24种品格优势的清单（完成VIA测试时收到的优势档案），"我在哪都能看到这些优势"！这位女士所观察到的是，一旦把24种优势的语言掌握在手中（或大脑中），你就知道自己在寻找什么。理解了有关品格优势的"词语"和完整的"语言"，你就能注意到优势在生活中的许多表现。人们形容这种关于品格优势的体验，就像眼界被打开，心中开启了新的大门。想到这些积极的特质，你就会以一种新的角度去看电影和电视；你会重新审视人们在社交媒体上的言论；你可能注意到你正在阅读的书籍和杂志中的人物的优势；你能够在与每个人——家人、朋友、同事、邻居和陌生人的每次对话中看到优势。在所到之处，你都有可能欣赏到优势。

"优势识别"包含以下两个简单步骤。

第一，在每次观察或对话中标记你所注意到的品格优势。你观察到的积极品质是什么？哪种优势最符合你所看到的积极品质？例如，电影中的一个角色挑战自己，进入危险的境地，你将其标记为"勇敢"。你正在读的书里描述了一个年轻人的行为，清晨他微笑着从床上蹦起来，你将其标记为"热情"。

第二，描述一下，你所看到的品格优势是如何表现出来的？与这种优势相联系的行为是什么？你选择这种优势的理由是什么？有什么证据支持你的观察？例如，你看到你的配偶与邻居进行了深入的交谈，你可能对他说："我注意到你和邻居聊得很好。看起来你用了好奇心品格优势，因为你问了很多问题，探索了各种各样的话题。我还注意到了你的社交智能品格优势，因为你似乎对他们遇到的问题感同身受，而且在谈话中有很好的交流和倾听。"注意，你可以在一次互动中发现多个优势。

第二个步骤中的例子也突显了进行下一步的可能性。在很多情况下，尤其涉及亲密关系时，你也可以尝试下一步"优势欣赏"。在"优势欣赏"中，你对那些表现出来的优势的价值加以肯定，并告诉那个使用优势的人，这些优势对你或他人是重要而有用的。关于这一步，你可以问自己："为什么这个人运用品格优势会对我、对别人或对他们自己有用？"

我们鼓励你从现在就开始对他人进行"优势识别"！准备好24种品格优势和定义，在你的下一次对话中，在你看的下一档电视节目中，在你读的下一条微博中，想一想这个人或这个角色所表现出来的品格优势是什么？你的观察的基本理论是什么？这种方法将帮助你掌握发现优势的技能，并加深你对24种品格优势及它们如何为人们的生活带来好处的理解。

> 我们鼓励你从现在就开始对他人进行"优势识别"！

参加VIA测试

除了"优势识别"，我们还建议一种办法：参加VIA测试！这是世界上唯一——个免费的、在线的、经过严格测试的品格优势测试。在花15分钟做完测试后，你会收到自动发送的优势档案，这是一份个人的24种优势的排序清单。请到VIA研究所的网站上进行测试。你可以打印出你的优势档案，作为阅读本书时的参考。

正如我们之前所讨论的那样，所有品格优势都很重要，都是与生俱来的可以被打造的品质。审视你的整个档案，了解（并有可能提升）你的中、弱优势是很有意思的，但我们再次建议，此时你能做的最好的事情是对你的最强优势，即标志性优势给予最密切的关注。我们这么说是因为标志性优势很可能最能描述"真实的你"，对你来说是最容易拓展的，也是在好的时候和坏的时候都能作为直接资源的。

> 所有品格优势都很重要，都是与生俱来的可以被打造的品质。

我们建议你在阅读本书时把标志性优势放在手边。很多人都会决定在第二部分先直接看自己的标志性优势，以加深对自己最佳品质的认识和探索（然后在第三部分中更仔细地探索）。我们在下面留出地方让你记下自己的标志性优势。VIA研究所发现，人们一般有5种左右的标志性优势。这是你考虑自己最强项的起点，但随着你对自己最重要、最能激发活力和最得心应手的部分的了解，你可以随意添加更多的内容。

标志性优势1：＿＿＿＿＿＿＿＿＿＿＿＿＿＿＿＿＿＿＿＿＿

标志性优势2：＿＿＿＿＿＿＿＿＿＿＿＿＿＿＿＿＿＿＿＿＿

标志性优势3：＿＿＿＿＿＿＿＿＿＿＿＿＿＿＿＿＿＿＿＿＿

标志性优势4：＿＿＿＿＿＿＿＿＿＿＿＿＿＿＿＿＿＿＿＿＿

标志性优势5：＿＿＿＿＿＿＿＿＿＿＿＿＿＿＿＿＿＿＿＿＿

现在你已经开始熟悉自己的标志性优势，并学会识别他人的优势。让我们进入第二部分，仔细看看24种品格优势。每种优势都是你个性的一部分，充满了正能量，对你和你生命中重要的人都有潜在的益处！

—— 第二部分 ——

探索24种品格优势

在第二部分中，对于24种品格优势中的每种，本书都遵循了"是什么、为什么、怎么做"的结构框架。对于每种优势，你将会看到如下这些环节。

关于这种优势的知识

在这个"是什么"环节中，你将了解每种优势的基本情况，包括基本要素和含义。

通过这个环节，你可以大致了解每种优势的内容及如何最大化地发挥它的作用。

为什么这种优势是可贵的

在这个"为什么"环节中，你将学习与每种优势相关的科学知识。我们将谈及以下问题：

- 为什么这种特定的优势很重要？
- 为什么要使用这种优势？
- 如果你经常在生活中均衡地使用这种优势，将产生什么结果？

这个环节有助于你更好地理解每种优势的力量和本质。对于每种优势，当你了解到它的许多独特好处时，特别是当你知道自己内心拥有这种优势时，你会更深刻地欣赏它。

怎样激发这种优势

这个"怎么做"环节包括四个部分：反思、发现优势、行动起来、找到平衡。这四个部分为你提供了各种方式，让你把这种品格优势带入生活场景。这个环节为你提供了各种可以自己进行或与他人一起进行的活动。

反思

自我反省和自我探索对于培养对自己品格的洞察力是非常重要的。对于每种优势，你都可能发现很多问题，让你去思考、写入日记或与他人讨论。这种反思可以帮助我们把关于品格优势的新想法与以往的经验联系起来。你花越多的时间来反思这些问题并与他人讨论，就越有可能体会到一些关于你自己和你的品格优势的感想和顿悟，而这些感悟可以成为重要的个人成长的开始。

利用反思来深入探索每种优势，需要的时间可能超出你的预期。我们建议你在每个问题后停顿一下，哪怕几秒，让你的大脑去回忆、思索和想象。

发现优势

研究表明，通过观察他人来学习是培养或提升品格优势的最有效的方法之一。你可能向榜样或导师学习，或者听说了其他人运用优势的故事后联系到自己身上。从小到大，你对他人的观察在学习中起到了至关重要的作用。当我们观察别人的行为时，大脑会把这些信息吸收进来并归档，作为将来类似情况下的指南。如果在工作中，你身边有很多富有创造力的人，你很快就会学会一系列新的方法来思考问题、解决问题，并提出新的想法。如果你的家族中有很多善良的人，你会把这些信息（各种善良、慷慨、体贴、同情、关怀的方式）归档。有一天，你可能在生活中复制其中的一种或多种行为，或者做一些非常类似的事情。当然，你也可能不会，因为没人能保证你会学到你观察到的东西，也不能保证你去做出类似的行动。

因为我们能从他人那里学习，所以"发现优势"这部分通过提供在日常生活中使用特定优势的令人信服的案例（案例中的人物均已隐去真实身份）来使读者受益。每个案例的目标是展示如何使用某种优势，但是显而易见，这些故事中的每个人都使用了许多其他品格优势，其中一些与案例本身所关注的优势一样强。请记住，品格是"复数"：我们每个人都有许多优势，我们一次使用许多优势，而不是孤立地使用它们。在这里，我们通过表面的行为，揭示榜样如何塑造你的品格认同。

"发现优势"这部分帮助你应用他人的智慧。仔细阅读其中的案例，它们是当事人用自己的话说出的自己的故事，分享了品格优势对他们生活的影响。请观察当事人品格的独特性，并思考自己在生活中如何运用这种品格优势。

行动起来

有时候，让你行动起来的最好办法就是把一些明确可行的东西放在你面前。因此，对每种优势，我们都提供了7~10个具体的、实用的策略，作为在日常生活中运用这种品格优势的办法。其中有些策略基于证据或研究，有些则是常识性的智慧。在提供这些策略时，我们考虑到了生活中常见的三个领域：人际关系、工作和社区。第四个领域则是将品格优势向内应用到自己身上。成百上千的研究表明，对于各种人群，无论他们的年龄、职业或性别如何，对于他们在工作、学校、社会生活和亲密关系等广泛的生活领域中的表现，品格优势都有帮助。此外，人们通常向外运用品格优势，如善良、宽恕、洞察力或智慧等，而关于把它们转向内在的研究正在兴起。例如，善良向内就变成了自我关怀，宽恕向内就变成了自我宽恕。这些方法已经显示出对提升个人幸福感的一系列好处。

通过"行动起来"这部分，你可以从认识和探索优势进入运用优势！选择一个策略作为开始。考虑你是和别人一起开始这个活动，还是自己开始。在你采取行动后，记下你和他人的体验。

找到平衡

在行动中运用品格优势时，你所做的并不一定会成功或受到他人的欢迎，或者是在当时情境下做出的最佳选择。你可能已经过度运用了优势，因为在该情境下你表现得过了头，或者无意中对他人产生了负面影响。而更常见的情况是，你经常没能完全运用优势，如没有把你最好的一面展现出来，没有挑战自己，心不在焉，或者没有表现真实的自我。你可能表现得对他人不感兴趣或缺乏同情心。学会觉察这些优势运用不足或过度的情况，可以在很大程度上改善你的品格优势运用，为自己和他人创造积极的结果。由于过度运用优势听起来令人费解，在这个部分，我们会提供一个日常生活中的例子，说明人们是如何陷入过度运用优势的陷阱的。

除了描述品格优势运用过度和不足这两种情况，我们还提出了另一种寻求平衡使用品格优势的方式，就是几千年来一直被人们称道的"黄金平均"或"中庸之道"：考虑如何最好地运用每种品格优势，即在运用过度和运用不足之间的最佳点可能是什么样的。为此，我们先为每种品格优势提供了一句话座右铭，座右铭的灵感来源于对这种优势的运用过度、运用不足和最佳运用的研究。然后做一个"想象一下"的活动，探讨如何在一般或特定情况下最佳运用这种优势。大多数时候，这个活动也会涉及其他品格优势，尤其是那些与当前所关注的品格优势互补的优势（在研究中发现的与当前优势高度相关的其他品格优势）。没有什么方法可以确保你使用"完美剂量"的品格优势，或者避免其运用不足或运用过度。我们有的只是概念、想法、例子，以及通过这些来思考我们的生活的方法。通过深思熟虑，你可以更加自信且得心应手地运用品格优势。

"找到平衡"这部分有助于你更深入地思考品格优势。你可以从识别出自己过度运用优势及未充分运用优势的例子开始。每种优势都可能通过许多方式表现得太强或太弱。其中一些方式非常微妙且罕见，关注它们会帮助你更好地运用优势。其他一些方式更常见，你会发现它们对你或他人有负面影响。当你探索所有这些不平衡的方式时，一定要对自己诚实，但同时也不要苛求自己。

请记住，这是有助于更好地了解自己的学习实践，所以让这些见解成为对你有用的信息，而非自我批判。客观的自我评价是最佳运用的重要组成部分！

接下来，你可以想一下，在某些特定的情况下，品格优势的最佳运用可能是什么样子的。这可能随着我们的处境及我们与谁在一起而发生很大的变化！用"想象一下"的情景，思考当平衡地运用这种优势时，它可能是什么样子的，又会怎样和其他品格优势一起表现出来。

美德：智慧

创造力　　　好奇心　　判断力/批判性思维　　好学　　　洞察力

搜集和运用知识的优势

在VIA分类中，智慧这个美德与获得知识及有效地利用知识去解决问题有关。智慧与智力相关，但又不同。一个人可能天生聪明，但这并不意味着他会花力气深入了解这个世界，挑战自己的信念以确信它们是正确的，并对自己会出错的可能性持开放态度。事实上，很聪明的人有时会太过执着于保持正确或比其他人更聪明。因此，他们可能错过从自己的错误中学习或纠正错误观念的机会。而智慧的人则渴望了解这个世界，甚至不惜冒着犯错的风险。这种渴望在一定程度上反映了一种基本的学习欲望。智慧的人会研究各种影响其为人处世能力的课题。智慧还表现在渴望了解世界，以便更好地在世界中生活。

智慧的一个特别重要的方面就是所谓的"实践智慧"。这是一种能力，能够找出你想要达到的目的，以及达到这些目的的最佳方法。因此，对于了解如何有效地利用其他品格优势以达成目标而言，智慧是很重要的。对于了解如何运用品格优势去获得世间美好的事物，智慧也是同样重要的。智慧类的优势包括创造力、好奇心、判断力/批判性思维、好学和洞察力。

创造力

| 是什么 | 为什么 | 怎么做 |

关于创造力优势的知识

创造力就是去思考新的做事方法的能力。它包括产生原创的想法和行为的能力。但是，仅仅具有原创性是不够的：无论你创造的是什么，是一个想法还是一个产品，都必须是有用的或合适的。例如，你可能写一篇博客文章，它很独特，因为它完全是胡言乱语。这篇文章没有用，因此也不会被人认为是有创意的。

和所有的品格优势一样，创造力也是有不同程度的。有一些创造力卓越而获得广泛认可的人，如伟大的科学家、诗人、电影制片人和画家。他们通常被称为具有"大"创造力。"小"创造力是指日常生活中的创造力和独创性，如你想出了一条新的更短的回家路线，或者想出了一种新的方法来解决一个问题。大多数人都能具备日常的"小"创造力。真正能判断一个人是否有创造力的标准，不是智力，而是他对待新难题的通常做法，即是否致力于尝试新的解决方案。

如果你表现出很强的创造力，就能产生独特的想法和策略来充实你和他人的知识库。你可能发现，当人们为自己的创意项目寻求反馈，或者为解决困扰他们的问题而寻求帮助时，他们会被你吸引。当你的创造力处于最佳状态时，你会用独特的方式将不同的想法联系起来，激发他人并最终产生新的有趣的想法。

为什么创造力是可贵的

- 创造力有助于促进人的发散性思维，想出解决问题的许多方法。

- 创造力可以帮助你解决实际问题，特别是当你开始以新的方式思考日常生活事件的原因和后果时。

- 自信和更好的自我了解是创造力的副产品，它可以帮助你在各种情况下感觉自如，并适应挑战和压力。

- 创造力有助于激发和激励追随者，可以帮助你成为一个更好的领导者。

- 创造力能增加你对各种活动的兴趣，并帮助你产生能激发他人兴趣的主意。

- 创造性的强弱长期来说是相当稳定的，但创造力在支持性的、加强性的、开放性的及轻松随意的环境里可以加强。另外，时间压力、别人的严密监督及自己或他人的批判性检查都会阻碍创造力的发挥。

怎样激发创造力

反思

- 什么会激发你的创造力？

- 什么会阻碍你发挥创造力？

- 你预期中其他人的反应或其他人真实的反应如何影响了你的创造力？

- 创造力对你来说意味着什么？这个意义在你的生活中是如何体现的？

- 你如何利用创造力来帮助自己或家人、朋友和同事解决生活问题?

发现优势

来认识一下胡安妮塔,一位专门为儿童制作木偶、排演木偶戏的艺术家。

我喜欢去创造——如果我的生活中没有创造力,我就觉得世界失去了色彩。我使用创造力的方式就是每天"努力去做"。我找到了独特的方式来表达自己。我创造的东西不一定要很美。例如,我读过一篇关于如何把旧T恤做成纱线的文章,随后就把我的T恤做成了围巾,还有一块地毯,铺在专门存放湿衣物的小房间外。我会尝试组合家里已有的食材来做出新的菜式。我还尝试在客厅里装饰一面新墙。

我经常全身心地投入这些艺术项目。这是我唤醒自己一部分的一种方式,它使我朝着积极的方向前进。

小时候,我喜欢看《芝麻街》。我的房间里有三个木偶,我会和它们一起练习节目里的内容。我会花几小时和它们一起唱歌,和它们对话,一起解决问题。我最喜欢的事情之一就是让没有生命的东西"活过来"。这种神奇的魔力,我在成千上万个孩子的脸上看到过。

回顾过去,创造力一直在我的生活中扮演着核心角色。我是被领养的,而我的家庭回避讨论有关领养我的事情。作为"好孩子",我转而用发明创造来保护自己免受孤立。当我产生了不适应或没有家的感觉时,我的创造力迸发出来,我想这就是我应对这些感觉的办法。创造力是我学会应对生活的方式。

作为一个成年人，我不会每天都抽时间去创造新的东西，但我还是会在其他方面发挥创造力。我善于想出很多解决问题的方法。我的儿子做数学作业有困难，或者在学校被霸凌，我马上就会有四五种方法帮他解决这些问题。有时我们会讨论每个想法，有时我会试着为他想出最好的办法。

行动起来

在人际关系中

- 当家人或朋友在生活中遇到困难或挑战时，探索创造性的方法帮助他们解决问题。
- 回顾在你与家人或伴侣之间发生的一件事，在这件事中，创造力给所有人都带来了好处。

在工作中

- 在你的下一次工作会议上，当一个新话题出现时，和小组成员一起集思广益，讨论一些想法。
- 对于工作中一个常见的任务，想一个新的独特的方法来完成它。这周至少使用这种新方法两次。
- 提高创造力在工作中的优先权。每天保留几分钟的创造力时间用于反思、思考和学习。

在社区中

- 写一篇文章、散文、短篇小说或诗歌，画一幅画并与他人分享。

在内心深处

- 选择你所面对的一个问题。深思熟虑，为这个问题制定多个解决方案，而不仅仅是一个。

找到平衡

创造力运用不足

在一些需要创造力的情况下，你却压制了创造力。这很有可能发生在人们封闭、僵化、专制或过于挑剔的情况下。你可能发现，时间压力也会抑制你的创造力，如果你是一个需要有充足的时间来孵化想法的人，这种压力更加致命。换句话说，如果要产生创造性的想法，对于你而言，有足够的时间可以用来思考是很重要的，这将帮助你把脑海里的点连成线。如果你没有把这种需求告诉别人，你有可能被认为没能充分运用创造力。在其他情况下，你可能有一个非常有用、很有创意的想法，但你个人的一些障碍阻碍了你的想法，如自我怀疑、对分享感到紧张、担心会得罪人，或者对想法缺乏信心。你也可能担心，如果你分享了一种新的做事方法，可能是在向他人暗示他们的想法不够好。

有意地不充分运用你的创造力，就是在特定的情况下做一个顺应者。有时，这完全是合适的，也是明智的，而在其他时候，它却阻碍了你，甚至可能导致提出一个不正确的解决方案。

创造力运用过度

过度运用创造力可能让人立刻联想到一个满头乱发的思想家，他坚信自己会改变世界，而其他人都知道这些疯狂的想法毫无意义。这个形象可能很极端，但它说明了问题。过多的新奇却永远不会有回报的想法，对任何人都没有好处。

虽然创造力可以激发活力，但在一些特定的情况下，如想法、变化或项目的数量已经太多了的时候，它也可能让其他人不知所措。对于你及那些与你一起工作或生活的人来说，这是一个可能造成紧张的缘由。此外，如果你富于创造力但缺乏毅力，你可能为了完成项目而苦苦挣扎，还留下很多未完成的尾巴或新的计划。你也可能因为别人不欣赏你的创新和新的做事方式而感到恼火。有一个有用的问题可以问自己：其他人是否对你的创造性想法产生共鸣。

营销主管吉姆讲述了他过度运用创造力的故事。

当我上大学的时候，我有生以来第一次可以自由地追求我想要的任何东西。我当时不断地看到和学习所有这些新的做事方式。我可以自由地创造！我所有的想法都有很多选项，有很多可能的途径。我开始了很多项目，因为我觉得有很多东西可以试验。我全神贯注于贯彻我的新想法，不再去上那些让我觉得无聊的课程。结果，我的学业成绩不是很好。

最后，我对我在大学里的表现感到失望。我想我的老师最终认为我是个怪人，所以我不能靠他们的推荐找到工作。我知道我其实可以做得更好。我对当时正在进行的所有项目都很兴奋，想象着每个项目都有各种潜力，但项目太多了，我没有时间彻底完成它们中的任何一个。

创造力的最佳运用：
黄金法则

创造力座右铭

"我很有创意，能构思一些有用的东西，想出能产生价值的点子。"

想象一下

想象你是一个特别有创造力的团队成员。你创造新的产品，并提出对他人有益的新想法。你在团队头脑风暴会议上做出强有力的贡献，在别人的想法基础上提供新的思路。同时，你观察团队成员的面部表情和反馈，这样你就不会"过度把控"会议。在另一次会议上，你则退居幕后，因为这是一次商务会议，集思广益的空间和时间较少，但你也确实出声解释了一个有助于项目的想法。在这些情况下，你正在运用你的创造力、洞察力（看到更大的图景）和社交智能（观察他人的反应）优势。

好奇心

| 是什么 | 为什么 | 怎么做 |

关于好奇心优势的知识

好奇心就是去探索和发现，对正在发生的事情感兴趣。好奇心通常被描述为追求新奇事物及乐于体验，它与人类天生想获得知识的欲望有关。追求答案、参与新的体验或了解新的事实，都会让人感到满足。去一个新餐厅，参观一座新城市，认识一个新客户，或者在网上搜索一个问题，都可以满足你对新经验和新信息的追求。

如果你的好奇心特别强，你会有追求新的和不同东西的欲望，有时也会去探索复杂的、不确定的和模棱两可的东西。对新的经验持开放态度就像你的一个标志，很可能对你的个人成长有用。好奇心会使你对生活产生积极的兴趣，你可能准备好探索几乎任何东西——新的人、新的地方、新的情况和工作。当你的好奇心处于最佳状态时，你的头脑中充满了好奇和兴趣。你积极地寻求信息和提出问题以满足强烈的好奇心，同时当你的提问给他人带来不适时，你会有良好的判断力来控制自己的提问。

为什么好奇心是可贵的

- 好奇心是与生活满意度关联最密切的五种优势之一。
- 好奇心与幸福、健康、长寿及积极的社会关系相关。

- 好奇心可以通过保持新鲜感和趣味性来加强婚姻关系。
- 好奇心有助于寻找和发现更大的人生意义。
- 好奇心有助于拥抱不确定的新情况。
- 好奇心往往是很多人一生的爱好、激情和追求的切入点。
- 好奇心强的人更容易被那些能提供成长机会的和更刺激的活动所吸引。

怎样激发好奇心

反思

- 你对什么最好奇？
- 你和谁在一起时或在什么情况下，好奇心最受激励或你能最自如地表现好奇心？
- 孩提时和青少年时，你很好奇吗？在成长过程中，你的好奇心受到了怎样的影响？如果你的好奇程度随着时间的推移发生了变化，那是为什么？
- 当你开始对某事感到好奇时，是什么阻碍了你将好奇心付诸行动？是什么帮助你充分运用好奇心？
- 你是如何在生活的不同领域——家庭、社会、工作单位、学校中运用好奇心的？

发现优势

来认识一下乔治，一位28岁的IT专业人士。

我觉得，提问题及保持好奇心给我带来的精神上的刺激，促使我去思考所需要思考的东西。即便小时候，我也总在问问题。十几岁的时候，我开始对计算机产生了真正的好奇心。别的孩子只是用计算机娱乐，而不会去想计算机里面是什么，但我对此真的很好奇。我把计算机打开，检查里面的部件，想知道所有东西的用途。我开始阅读关于计算机的书，并且问问题。我的问题把人们逼疯了，但这就是我干的事。当我遇到新认识的人时，我知道我总会有一个、两个或十个问题要问他们。总有一些东西能引起我的兴趣。每次社交活动都是一个可能永远不会重复的机会。在每种情况下，你都可能找到一个宝藏。

我对动物、植物、矿物、飞机、运动、陶器、冥想等都很感兴趣。不过，食物和旅行显然是我的最爱。两者教会了我很多关于人类、其他文化、习俗和社交的东西。人们说，你不能两次去同一个地方——这很符合我，我总是用新的眼光去看同一个地方。更不要提食物了！有无数种食物组合和选择；有时候我觉得我的味蕾是我好奇心最强的部分！我在一间满是男人的办公室里工作。你可以胳膊上打着石膏走进来——没有其他人会想去说点什么，而我却有一千个问题想问。我不明白为什么那么多人对别人的生活不感兴趣。

行动起来

在人际关系中

- 把好奇心带入你的人际关系中，尝试了解人们的想法和感受。直接问他们一些问题，如"你感觉如何""你对此有什么想法"。对别人怎么处理与你所面临的类似的挑战感到好奇。

- 为和你非常亲密的人列一个未知信息清单。当你准备好之后，问他们一两个问题。邀请他们反过来问你问题。

- 询问你身边的人对什么感到好奇，并想办法一起探讨这个话题。

在工作中

- 试着向你的团队或上下级多问些"为什么"，在工作中多表达好奇心。如果你对别人告诉你的东西并不能完全理解，就不要只满足于表面的意思。

- 练习对你不喜欢或已经失去兴趣的工作或活动保持好奇心。当你做不喜欢的活动时，在这项活动中寻找至少三个新奇的特征。

- 接近那些你还不太了解的同事。问他们一两个关于工作或个人生活的问题等。

在社区中

- 今天就去尝试一种新的食物，或者去一家新餐馆，以探索不同的食物和地方。

- 选一条不同的路回家，探索附近新的区域。

- 在线搜索你周围的社区活动。注意什么最能激起你的好奇心。

在内心深处

- 对你自己感到好奇。对思考你的价值观、你对未来的希望，以及你通过家庭、工作和社区给这个世界带来的积极影响感兴趣。试着去了解你做事情的动机。在好奇心的驱使下，采取对你来说最重要的行动。

找到平衡

好奇心运用不足

在某些情况下，当你太缺乏好奇心时，别人会觉得你很无聊、不感兴趣、疲倦、走神或只关心自己。这些都是司空见惯的行为，它们揭示了在典型的一天里好奇心的自然涨落。人们很容易注意到眼神呆滞、视线转移、肢体语言被动和注意力分散等线索。你可能认为在某些情况下不充分发挥好奇心是正确的选择，但你可能要重视自己给别人留下的印象。

同样重要的是，当你的好奇心可能对你和其他人都有帮助的时候，你要确保自己没有压抑它。当有权威领导在场时，当感到焦虑时，或者当需要听从指示而不是问问题时，有些人会控制自己的好奇心。

当你感到自己与当前对话、项目或任务脱节时，你可能处于"自动驾驶"模式，只是简单地走过场，而不注意周围的细节和细微差别。你可能决定就那样待着，但你也可能想要考虑用好奇心把自己从那种状态中拉出来。

好奇心运用过度

当你不能控制好奇心时，你可能因为多管闲事或侵扰别人而冒犯对方。人们很自然地想知道别人生活中发生了什么，对别人的秘密感到好奇，但太多的好奇心会让他人感到不舒服，并想避开你。好奇心太强的人可能被一些人认为过于大惊小怪、粗鲁或不礼貌。

你也可能注意到自己从手头的任务上分心了。对那些过于好奇的人来说，互联网可能是特别危险的，他们可能发现自己在寻找任何问题的答案，而不是在完成工作。当你遇到一些不舒服或不愉快的事情时，用你的好奇心来应对它们可能是件好事。但"好奇害死猫"的说法指出了过度运用好奇心所固有的危险。

下面是杰德，一位33岁的活动策划人，分享的自己过度运用好奇心的故事。

　　我这辈子，别人都说我爱管闲事。我已经习惯了。我已经接受了这种说法，甚至把它当作我的品牌或标志。我就是这样的人，我是个好奇心很强的人。我喜欢人们，所以我开始问他们问题。当他们回答了我提出的一些问题时，我的脑子就开始以每秒一公里的速度飞快地运转，这时我就会试着问更多的问题。我问他们的职场生活、他们的个人生活、他们的人际关系、他们的宠物、他们的兴趣、他们的旅行。有些人真的喜欢这种方式，那我们就能很快地连接上。但很多人很快就会反感，然后拉开距离，或者找借口结束谈话。偶尔也会有人告诫我先管好自己的事情。

　　好奇心使我获得了新客户，并使他们成为回头客。但我也因为好奇心而失去客户。我的主管跟我谈过——不要问别人那么多问题！我试着控制一下，让自己的思维慢下来，深呼吸。但有时我就会肆无忌惮地发泄出来！开炮吧！

好奇心的最佳运用：黄金法则

好奇心座右铭

"我追求的是在不妨碍自己和别人的情况下获得新的经验。"

想象一下

想象你对和你交谈的人的生活很好奇。你刚刚第一次见到他们，被他们的故事所吸引。你有兴趣知道他们的想法、感觉和所作所为。你问他们问题，给他们时间分享每个问题的答案和故事。同时你也给出类似的分享，以便让谈话保持平衡。

你意识到，虽然问题能促进更好的联结，但并不是所有的问题在这种情况下都合适。在你与他们交谈的过程中，有些看起来随意和不合时宜的想法会突然冒出来。出于好奇，你分享其中的一两个，收集对方对这些话题的看法和印象。

随着谈话的持续，你意识到你可以进行额外的探索和分享。当有其他人在场时，你可能暂停或改变话题，或者解释你想以后再仔细聊。在这种情况下，你利用你的好奇心及其他优势保持谈话双方的高参与度。当你提出了新的话题并与他人一起探索时，你看到了自己创造力优势的提升，以及想要深入挖掘每个领域的好学优势的提升。你注意到你的热忱（热情优势）增加了，你对未来与这个人的连接有了更多积极的感觉（希望优势）。你的洞察力和审慎优势为好奇心优势提供了平衡，因为它们帮助你看到了以与他人建立新联系为中心的更大图景：这需要时间，并在某种程度上需要审慎和反思。

判断力/批判性思维

是什么　　　为什么　　　怎么做

关于判断力/批判性思维优势的知识

判断力优势涉及做出理性和逻辑的选择，分析、评估想法、意见和事实。用一个最初来自品格领域之外的术语来说，就是批判性思维：合理地权衡证据、思考事情，从各方面考察证据，而不是妄下结论。判断力还包括心胸开阔，能够根据证据改变自己的想法，保持对其他论点和观点的开放。至此，我们应该清楚了，判断力是一种核心的"大脑的优势"，这是一种非常注重思考的品格优势。

认知心理学已经开始揭示一些关于人们如何做决定的重要事实。在现实生活中，人们很少有时间或有心思在做决定时去探寻所有潜在的相关信息或考虑所有可能的观点。相反，他们会迅速确定关键信息，并对这些信息进行权衡。正是这种识别关键细节，并对其进行清晰和合理思考的过程，才是具有良好判断力的人的标志。

与其他人相比，具有良好判断力的人也会考虑更多的选项，以至于他感觉到自己对这些问题、情况或主张有全面的看法。这种做法有助于看清事实，避免常见的思维陷阱，如在出错时把问题灾难化（认为小问题其实是个大问题）。具有良好判断力的人还会尽量避免一种常见的倾向：以支持自己当前观点的方式思考并寻找与这些观点一致的信息。例如，具有这种优势的人不会去拥护一种极端的政治观点，或者坚持使用单方面支持该观点的新闻来源。相反，具有这种优势的人会寻找多种来源和观点。

判断力可以帮助你做出决定，公正地评估一个问题的不同方面，没有或只有很少的先入之见，不会仓促下结论。当你最佳地运用判断力/批判性思维时，你会权衡问题，在权衡选项时尽量客观，而且很灵活，因为你的想法可以根据新的、有力的证据而改变。

为什么判断力/批判性思维是可贵的

- 能从多个角度看待事物的人特别善于应对变革和转型的时代。
- 判断力抵消了有偏见的思维，有助于做出更准确的决策。
- 开放的心态是良好判断力的结果，它帮助人们更好地理解如何在生活中找到更深层次的意义和目标，从而有助于寻找生活的意义。
- 具有这种优势的人较少受到单一事件的影响，对暗示和操纵更具抵抗力。

怎样激发判断力/批判性思维

反思

- 如何表现你的判断力/批判性思维？
- 你在什么时候发现情绪阻碍了你保持客观的能力？对你来说，这最有可能发生在什么时候？
- 什么样的人和环境会让你发挥理性的一面？什么样的人和环境会让你发挥情感或直觉的一面？
- 当你试图做出决定时，是什么会让你失去对大局的洞察力？

- 你如何将自己或他人的情绪整合到理性的思考过程中？
- 当和什么样的人在一起或在什么情况下，你容易被强烈的情绪所迷惑，很难理性思考？

发现优势

来认识一下杰克，一位54岁的传播学大学教授。

我从事与政治观点有一定关系的职业，我觉得这对我而言是件很自然的事。我的工作是倾听其他人说的话，并判断它是否准确，听起来是否真实。我认为这是现代社会的一项核心技能，因为人们很多时候都会使用情绪化的语言来试图达到自己的目的。我尽力教导我的学生，教他们对读到的和听到的信息要有批判性。

不过，不只对工作，我一直是一个对读到或听到的信息会思考很久的人。并且，我会问自己，我听到的信息有多少是基于逻辑和事实的，又有多少是基于见解或情感的。我试着去理解人们说话的逻辑，看看它是否真的有道理。我在信教的家庭中长大，我对在教堂里听到的信息持怀疑态度，我的家人曾因此让我很难受。他们认为我从不相信任何东西，但事实并非如此。我只是想评估一下别人所讲的信息，判断它是否令人信服。

我有一个很好的例子。在去看医生之前，我都会在互联网上寻找可靠的医疗保健的信息资源。对于医学检测的价值，网上的看法经常比我的医生谨慎得多。每次我带着读过的信息去见医生，90%的医生都会同意我的看法。这使我成为自己和家人健康更好的守护者。

行动起来

在人际关系中

- 努力和与你观点不同的人讨论对你来说很重要的主题。评估信息并考虑是否应该调整自己的意见。

- 当你收集有关一个人的信息时，根据信息的价值进行权衡，并合理地分析该信息，这样你就可以控制自己不轻易得出结论。

- 当一个人表达的观点与你的观点截然不同时，把你的想法告诉他们，并探究与他们观点不同的依据。向他们提出一两个问题来澄清他们的观点或方法。

在工作中

- 当你在对问题进行批判性分析的基础上做出决策时，你就是在很好地运用判断力。思考你当下的一个工作项目。通过给项目添加另一个角度或表达不同意见来发挥你的判断力，可能是新的东西，也可能是一个你之前拒绝得太快的方案。

- 选择一项工作任务，大家对丁如何完成该项任务有不同的意见。利用你的批判性思维来探究不同意见，找出最佳解决方案。

- 如果你觉得自己对工作中的某个问题可能有先入之见，请采取调查的方式，清楚、建设性地审视所有反对意见。

- 判断力强的人喜欢深入项目、对话和工作任务的细节中，多角度地看待问题和难题。想一想这种能力对你的老板或团队有帮助的情况。欣赏自己在这种情况下对判断力的运用。

在社区中

- 选择你持有的一个坚定观点，并短暂地（以积极的方式）表现出好像你持有相反观点的样子。如果对你而言，表现出持有相反观点的样子太难，就把它作为一种心理活动来尝试一下。

- 观看一档与自己观点非常不同或截然相反的节目，并尝试理解别人为何会深信这个观点。

- 阅读一篇来自宗教信仰者、无神论者等博主的在线文章，他们分享的信仰与你自己的不同。练习保持开放的心态，放下先入之见。

在内心深处

- 判断力可以帮助你从人们的言行中找到漏洞。在这里，运用你的判断力来评估自己，并批判性地思考你的一种人格品质。考虑这个品质的优缺点，以及它对你的积极和消极影响。一定要寻找"漏洞"：关于你内心的这种品质的那些你以前没有看到、没有承认、没有接受的地方。

找到平衡

判断力/批判性思维运用不足

在某些情况下，当批判性思维展现太少时，你可能显得没有反思能力，谈话乏善可陈。在其他情况下，批判性思维运用不足可能意味着你被情绪或激情所控制，而没有充分听取其他人的意见。此时强烈的情绪干扰了清醒的思考，你需要冷静下来。在这种情况下，有些人以"自己的立场是正确的，无论如何争论都不应该动摇这种信念"为由，为自己头脑发热的做法辩护。考虑一下这个替代方案：如果你的立场是正确的，那么理性的论证应该支持这个结论。如果那些持另一种立场的人开始情绪化地争论，你可以指出这一点，但还是要试着看清他们论证中的逻辑。如果你开始情绪化地争论，你其实并不真正相信支持你观点的证据。

在有冲突的情况下，未充分运用判断力尤其危险。它可能导致你说一些回想起来令人尴尬和后悔的话。在很容易变得高度情绪化的情况下，分析形势及对方在说什么或做什么，甚至面质他们的行为，可以帮助化解紧张。

有时候，批判性思维会被父母、权威人士和其他人压制。在社会、政治、宗教中，甚至在许多私人机构和学校里，批判性思维不被鼓励是很常见的。虽然大多数人都希望找到对自己信仰和观点的支持与认同，但认为那些与自己不同的人就是错的，这种想法是狭隘的。这是对判断力/批判性思维的运用不足。

批判性思维的表达，在某些亲密关系中有时会受到压制。例如，当成年子女开始说出不同观点时，父母和他们的相处会比较困难。另一个例子是，亲密关系中的某个人表现得像个独裁者，拒绝接受伴侣的不同意见。

判断力/批判性思维运用过度

人们很容易想到判断力过度运用的情况，就是对自己或对他人挑剔。大多数人都有过对自己的判断和批评过于苛刻的经历。虽然在大脑中保留判断是很正常的，但长期对你的日常行为和失误持挑剔和负面的态度则是不太有益的。

对负面因素的强调和过多的批评会延续到你在人际关系中的实际对话中。你可能发现，你会很快就对你遇到的新朋友或那些与你最亲近的人做出评判。困难在于向他人提供有建设性的反馈，诚实地提供优缺点、积极面和消极面，以及改进的建议。许多教师、雇主、父母和上司都太过偏向于消极，他们只是在这里或那里提供一点象征性的积极评价。这可能成为一种根深蒂固的习惯，而他们则完全没有意识到这已经成为他们的批判性思维风格。

朋友和亲密伴侣往往希望你支持他们的想法，或者仅仅肯定他们的情绪，而非理性地去批判他们。确保那些与你关系密切的人感到被倾听和被肯定，这是很重要的。过多地评价他人的意见会让他们感觉与你疏离。在那种情况下，运用判断力优势的同时，还应该运用善良、社交智能和自我规范等优势。运用好奇心优势也可以帮助探索对方的意见和想法。

过多的判断力也会表现为优柔寡断，无休止地寻求所有必要的信息和观点，以做出一个好的决策。因此，过于依赖判断力的人可能错过机会，因为当必须做出决策时，他们的优势反而会成为前进的障碍。请记住，好的决策往往不需要知道所有需要知道的事情。事实上，大多数决策必须在有限的信息下做出。高度推理性的方法有时会变得过于理性，没有充分考虑情感。当你与那些做决策更直观、感性的人交流时，这点可能特别令他们感到沮丧。

戴夫，一位54岁的银行家，对于过度运用判断力/批判性思维有这样的说法。

我认为做一个注重事物内在价值的人，不因为事情听起来不错就接受它的真实性，这是好事。它让我不至于妄下定论，但这也会让我看起来很愤世嫉俗。人们有时会认为我真的很消极，但这只是因为我对听到的东西持批判态度。不过有些时候，连我自己都觉得自己有点儿令人扫兴。我不得不在社交活动中学习到，当人们把一件事说得好像是事实而我知道它有另一面的时候，我不需要每次都指出来。

我和妻子的关系可能受我的批判性思维影响最大。有时她提出一个想法，其实只是想随意说一下，我却会紧张地加以评估。有一次她对我说："我是否可以告诉你，我正在考虑去超市而不想听这么做的所有好处和坏处吗？"我们都笑了。我明白了，我尽力在对待一些不是那么重要的决定或让我感到不爽的意见时，更加随意些。

判断力/批判性思维的最佳运用：黄金法则

判断力/批判性思维座右铭

"我在做决定时客观地权衡各方面的因素，包括与我的信念相冲突的论点。"

想象一下

想象一下，你在处理事情时，兼顾大脑和心灵，既要结合缓慢的、有条不紊的、理性的思维，又要考虑较快的直觉思维和个人感受。请注意，你在家里使用批判性思维的方式与你在社区和朋友在一起时不同，与你在工作时也是不同的。你可以看到，在这种平衡中蕴含着智慧。

当你开始被细节所困扰时，你可以利用洞察力重新关注大的图景及做决定的必要性，或者更好地判断去考虑所有的选项是否必要。你重视自己研讨问题的能力，给自己足够的时间进行分析和反思，但你会确保在没有必要的时候不浪费时间。你知道怎样将其他以大脑为导向的优势与你的判断力结合起来运用，如审慎和自我规范；以及以心灵为导向的优势，如爱和感恩。你努力朝这些方向努力（虽然谁都无法完美地做到）：在你积累知识并与他人分享时，减少个人偏见和刻板印象，拥有更多健康的、逻辑性的思维。

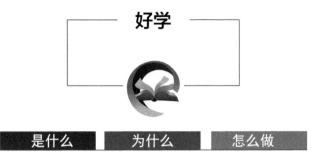

好学

是什么　　为什么　　怎么做

关于好学优势的知识

好学是指对学习的热情，是一种只为学习而学习的欲望。事实上，好奇心和好学是VIA分类中关系最密切的优势组之一。不过，它们还是可以区分开来的。好奇心是你寻找新信息的动力，而好学则对应着对保持和深化这些信息的渴望。好奇心强的人的动力是追求知识，而好学的人的动力是深入扩展已有的知识。好奇心往往与大量的精力及收集信息的动力联系在一起，而好学的人往往更多的是沉思。

如果你好学，那么阅读一篇博文或听到对你的问题的一两句话的回复，对你来说是远远不够的。你想深入研究这个话题，真正学习一项新技能或掌握新的材料。这可能涉及阅读一些关于某个主题的书籍，参加一个正式的课程，考一个新的学位或证书，精通一门新的行业，或者利用各种资源去了解一些主题。好学，通常表现为喜欢去博物馆、搜索网上图书馆、查阅信息丰富的网站、观看具有教育意义的纪录片和电视节目。

新的内容和信息对你很重要。你宁可接受比自己能整合的信息更多的信息，而不是更少。你不满足于刚刚够的信息，也不满足于浅薄的理解。你对掌握新信息感到真正的兴奋。这种对新信息的掌握会让你产生各种积极情绪，包括感激、喜悦、自豪、希望，甚至一种安宁和平的感受。

　　毫无疑问，你善于启动和掌控自己的学习。特别是你可以引导学习来为自己的日常生活提供帮助，无论你的关注点是人际关系的本质、财务问题，还是你的社区是如何运作的。事实上，你会把大部分生活经历看作学习的机会，你在上"生活的课堂"。问题和挫折、对话、社交媒体，甚至开车上班，都是学习的机会。当你在学习新的东西时，仿佛一扇门在你面前打开了，随之而来的是不断挖掘更多信息的强烈欲望。

为什么好学是可贵的

- 好学能使人建立更深的知识基础，提高能力和效率。
- 好学的人往往学习成绩好，阅读量大。他们往往是安静或内向的。而好奇心强的人则不一定如此。
- 好学支持积极的体验，而这些体验反过来又可能预示个人的心理和身体健康。
- 把新的挫折或挑战看作学习和成长的机会，会使人更加坚持不懈。
- 好学与健康情况、希望老有所为等有关。

怎样激发好学

反思

- 你觉得哪些领域的学习（如历史、科学、人际关系、技能、哲学或精神等）最有趣？你对哪些领域的学习最不感兴趣？
- 你热爱学习，到底热爱的是什么？
- 哪些学习方式（如阅读、体验、独处、社交）最能或最不能吸引你？

- 知识如何改善你的生活？

- 知识的广度和深度如何影响你的人际关系，从刚认识的人到与你关系很近的人？

发现优势

来认识一下卡特里娜，一位24岁的小学老师。

我是个好学生。我上的是哥伦比亚最好的学校。后来，我的父母给我们换了一所学校，我的成绩在班上名列前茅。无论我走到哪里，书本和学习对我来说都是非常重要的。如果你不喜欢一本书，你可以找另一本书。它们就像宠物一样，永远不会让你失望。

我想我的独特之处在于，当别人止步于一本书的时候，我却一直在前进。我看五本或十本关于这个主题的书。我从书中学习，从互联网搜索中学习，从与别人谈论这个话题中学习。我喜欢对一个主题构建我自己的理解。

不仅仅是书本——无论我对什么感兴趣，我都会尽可能地学习。现在我的激情是烹饪。我每天都练习烹饪，看八个不同的烹饪节目。当然，我还会在网上阅读烹饪书籍和烹饪博客。

我以前对计算机很有兴趣。我去计算机店就是为了问问题。有时我会遇到一个真正喜欢计算机的人，他会很详细地回答我所有的问题。最后，我学会了自己组装计算机。这不是为了钱或其他什么。我只是为了让我能了解它们，了解到底发生了什么。

我对学习的热情已经贯穿了许多其他主题，如帆船和飞机。我计划在这两方面都取得执照。我曾在三个不同的国家生活过，当我回想原因时，我想这是因为我想尽可能深入地了解其他文化，尤其是那些与我自己不同的文化。

行动起来

在人际关系中

- 在你的一个亲密关系中，探索和发展一个新的爱好或活动，让你们可以一起学习更多的知识（如做饭、收藏、读同一本书、观鸟等）。

- 找一个人，他能跟你深入交谈一些共同感兴趣或你有兴趣进一步了解的话题。

在工作中

- 如果你喜欢收集信息、研究主题、学习新事物，你就是在锻炼好学优势。你也可以寻找机会向同事学习。思考一下每个同事能提供什么样的知识，并探索你可以从这些知识中得到什么。

- 在工作的间歇，给自己几分钟的时间来学习关于你感兴趣的特定主题的新知识。设好计时器，在网上搜索这个话题。

- 当你深入调查和研究新课题时，你就是在发挥好学优势。当这种调查与你当前工作项目的某方面有关时，这对你的组织来说可能是一笔巨大的财富。与你的主管探讨如何在工作中最好地发挥你好学的优势。也许你可以参加一个线上班，学一门免费的在线课程，或者获得一个新证书。

在社区中

- 参观社区内的建筑或新企业，并借此机会通过尽可能多的媒介（如视频、阅读、网站）了解更多关于它的信息。

- 思考一个对你很重要的社区话题。花时间了解你能了解的关于这个话题、问题、表象或情况的所有信息，然后思考你能如何利用这些知识为社区做出贡献。

在内心深处

● 多了解自我，了解自己是谁。探索你所拥有的多种优势，每种优势的来源（家庭背景、其他人际关系、个人经历等），以及你在过去使用它们的多种方法。

找到平衡

好学运用不足

好学有时是可以细分的：也许你对体育和烹饪有很深的热爱，但对绘画和计算机则毫无热情。后者可能表现为对好学优势运用不足，尤其当这个主题对你的工作或其他生活部分很重要的时候。在某些情况下，你对好学的运用不足可能只是对这个主题缺乏兴趣或好奇心。

在亲密关系中，你如果未能充分运用好学优势，很快就能被人注意到。在约会和求爱阶段，人们往往表现出强烈的了解对方的欲望，可一旦进入承诺阶段，了解对方的热情就会骤减。他们可能慢慢地开始将一切视作理所当然，变得自满，认为他们知道有关伴侣的每件事。重启对了解你的伴侣（或其他人际关系）的热爱，可以成为激发、重启或加深关系的一种方式。

我们提醒大家，不要以为没有获得大学文凭的人好学程度就很低。实际上，他们可能只是没有机会或资源去获取文凭。许多没有学位的人一生都在阅读非虚构类作品，追求其他形式的学习。在对好学进行反思的时候，要看行为而不是结果。

好学运用过度

当好学泛滥时，你会在人们面前表现得像个万事通。没有什么话题是你无话可说的，你通常有很多话要说，就好像你在发表简短（甚至长篇）的演讲一样。当你周围的人有着其他目标（只想解决问题，或者纯粹在闲聊），而你却倾向于分享信息时，这可能让别人感到厌烦。平心而论，你对知识、学习充满热情，也许你只是希望别人能从中受益，但在某些情况下，这就好像你在炫耀。当知识的分享变得"太过"，别人开始对你产生负面印象的时候，你就是在（这种情况下）过度运用好学。这会让接受者不知所措，感觉信息过载，或者他们可能认为你控制了对话。你可能没有意识到这么多的分享是矫枉过正。遗憾的是，如果这成为一种模式，人们有可能避免与你互动，或者尽量将对话控制在最低限度。

埃里克，一位43岁的律师，分享了自己对好学的过度运用。

我妹妹说我是她的"眼中钉、肉中刺"，因为我总想把我读过的东西告诉她。我喜欢分享各种别人不知道的生僻知识。如果她想让我告诉她些什么，我就会给她一本书，然后说："读吧，读吧。"她一直很聪明，但她觉得我总是在不断提醒她我有多聪明。我还喜欢和别人分享我的学习成果。这看起来好像我每次说话都希望能听到"哇，这真有趣"。我真的不得不努力避免因为我所知道的一切而表现得比别人高明。

我也认为我最不擅长的是将某些事情付诸行动。我真的很擅长弄清概念和寻找我需要的信息。洗澡的时候是我头脑风暴的时刻，然后我会做研究，但很多时候想法就止步于此。可能因为我感兴趣的事情太多了，我不想只专注于一件事，所以我没有善始善终。我了解到，我需要发挥其他优势，把我的新项目带到终点线。这需要我付出努力，好好计划，或者与他人建立良好的合作关系。

好学的最佳运用：黄金法则

好学座右铭

"我有动力获得新的知识，或者显著地深化我现有的知识或技能。"

想象一下

你把每种情况都看作学习的机会。当你一个人的时候，你会学习；当你和别人在一起的时候，你会学习；当你有压力的时候，你会学习；当你享受美好时光的时候，你也会学习。但你并没有陷入把所有的事情都变成学习的境地。

你享受有趣的时光，与他人相处时，你会尽力运用善良和社交智能，在工作项目上，你则会用到热情和毅力。当你遇到时间限制，可能影响你追求学习时，你会运用审慎优势来审视你的选择是否符合优先级，你会考虑在这种情况下好学是否适合成为核心优先级。

你会停下来检查别人是如何接受你给他们的信息的，并偶尔问他们一些问题，让他们分享他们所知道的东西，如"你对这件事有什么看法"。你在分享知识的同时练习观察他人，以估计他们是投入的还是游离的，是开放的还是封闭的，是真的感兴趣还是不感兴趣。你向值得信赖的人确认，以了解自己的表现是过分的还是合适的。

关于洞察力优势的知识

洞察力意味着看到生活中更大的图景。洞察力是指既能看到树木，也能看到森林，当有更大的问题需要考虑时，避免被小细节所包围。在倾听他人意见时，洞察力可以帮助你同时考虑生活中的教训、恰当的行为，以及对正在讨论的情况最有利的是什么。这种将系统作为一个整体来看待或从大的角度思考的能力可以帮助你提出好的建议。

即使你并没有经历过别人告诉你的他们正在经历的某种特定情况，你也能够在正确的时间问出正确的问题，并运用一般生活原则来帮助他们。因此，其他人很快就会向你寻求建议，以获得洞察力和想法。那些有远见的人往往拥有很强的自知之明，并了解自己的局限性。

当你的洞察力处于最佳状态时，你很快就能抓住问题的核心，着眼于更大的图景，并为他人提供既有道理又实用的建议和支持。

洞察力和判断力可以相辅相成。判断力确保你已经掌握了做出好决定的细节，而洞察力则从更大的角度思考问题。判断力往往偏向于微观（关注细节），而洞察力则偏向于宏观（关注大局）。

为什么洞察力是可贵的

- 与身体健康、社会经济地位、经济状况、自然和社会环境等条件相比，洞察力涉及思考死亡和个人在世界上的角色等重大问题，这与老年人的福祉有着更紧密的联系。

- 有洞察力的人受到其他寻求咨询的人的重视，因为这些有洞察力的人能帮助他们看到大局，并提供其他视角。

- 洞察力在根据"黄金法则"适时、适量、适当地运用时，能够起到非常重要的作用。

- 洞察力使人们能够从错误和他人的长处中学习。

- 洞察力使人们能够判断行动的短期和长期后果。

- 洞察力有助于缓解压力和创伤带来的负面影响。

怎样激发洞察力

反思

- 什么时候从另一个层面看问题对你个人和你周围的人帮助最大？

- 在难以洞察事物的全貌时，你是如何努力看清大局的？

- 旁观可以提供洞察力，但这样做，有时人们会感觉错过了行动。你如何在观察和参与之间取得平衡？如何在保留观点和与人分享之间取得平衡？

- 哪些时刻你最容易分享自己的洞察力？举出一些例子。

- 在分享这种优势的过程中，你错失了哪一两个机会？

发现优势

来认识一下杰森，一位42岁的律师、项目经理。

在我妹妹的离婚经历中，我是那个她不断向之寻求建议的人——

不仅因为我是一个律师，还因为我也对她生活中的问题给出建议。她在生活中挣扎前进。我会提醒她回到最重要的事情上——帮助她的孩子们平安地度过这一切，做好她的工作，甚至给自己找一点休息时间。她开始担心谁会得到某件家具或电视，而我最终让她回到了那些更重要的事情上。

作为律师，我认为洞察力对我的工作也有很大的帮助。我会尝试从大局出发去观察我的客户正在经历的事情，并分析这个情况和我曾给其他人提供咨询的类似情况的异同。然后，我分享我认为对他们来说最好的办法。我总是努力给他们提供好的建议，并根据他们的情况清楚、透彻地解释事情。

我一直是个爱反思的人。这并不是说我不去做事，只是我倾向于反思我过去的经历，从我父母那里学到的东西，以及在尝试做事之前阅读过的内容。这是我在生活和工作中做事的基础。

┌─── **行动起来** ───┐

在人际关系中

- 观察在哪些时候你会在亲密关系中提出很好的建议。考虑提出建议时的积极和消极影响。在未来与这个人分享（或不分享）你的洞察力时，你可能如何改进？

- 问问你身边的人，他们觉得你的洞察力对他们有什么帮助？什么时候没有帮助？

- 注意那些似乎正在以某些方式处理棘手之事的朋友。如果你认为他们对此持开放态度的话，为他们提供解决事情的不同视角。

在工作中

- 与在工作中遇到困难或矛盾的同事联系。告诉他们你愿意帮助他们探索不同的视角，提出具体建议，或者简单地给予倾听。

- 对于一个具有挑战性的工作项目，走出你的内在圈子，从其他同事、客户及社区等更广泛的来源收集观点。

- 有时，你所处的形势会要求你展望未来，设想可能发生的事情。当你考虑这个"更大的图景"时，你就是在利用洞察力优势。利用洞察力来考虑你的组织的使命和愿景。当你做项目、与团队合作、完成日常工作任务时，请记住这些使命和愿景。你的工作活动是否与组织的目标相匹配？是否有更好的方式来实现这些目标？

在社区中

- 把你的社区作为一个整体来看待——不仅仅是地理边界，而是所有的企业、住宅、公园、土地、水、树木、动物和人。将自己视为这个系统中的一部分，注意并说出这个社区作为一个整体的品格优势。它是一个善良和公平的社区吗？它是一个充满好奇心的社区吗？它是一个审慎且勇敢的社区吗？

在内心深处

- 想象一下与一个对个人问题很有洞察力的人进行对话。想象你会问他的问题，想象你们来回的对话，想象这些交流会带来的建议和答案，从这几个方面来想象一下完整的对话。这有助于你利用洞察力优势来帮助自己。

--------| **找到平衡** |--------

洞察力运用不足

在某些情况下，人们很容易失去洞察力——迷失在细节中，被焦虑或压力淹没，或者忽视周围正在发生的事情。

几乎有无数个理由可以导致你的洞察力运用不足——你也许不想帮助这个人，你可能不觉得自己有价值或有资格，你可能被吓到了或缺乏信心，或者你可能感觉到太多的情绪和压力，无法清楚地思考事情。例如，在许多家庭关系中，遵循固有的模式和情绪来应对事情是很常见的，而这直接限制了洞察力。为了抵消这种倾向，你可以提前做好准备。想一想你家庭中的冲突，想一想当你的家人聚在一起时，是否有更好的方式来应对这些冲突。

洞察力运用过度

也许有些人会说，洞察力如何运用都不会过度，但任何优势运用过度都会变成别的东西。在洞察力运用过度的情况下，你有可能表现得盛气凌人。有时候，人们并不希望得到建议或被导向更大的问题。一个收到超速罚单的人可能不会欣赏你关于警察在法治社会中重要作用的讲解。这可能让你看起来像一个万事通，太用力，想分享很多智慧和知识而别人不想听，或者更糟糕的是，导致别人的烦恼和不满。对于一些过度运用这种优势的人来说，他们似乎在试图成为一个自己希望成为其实并不是的人——智慧的圣人、鼓舞人心的心理学家或励志的演讲者。在这种情况下，社交智能优势可以帮助你读懂别人的感受和反应，而判断力/批判性思维优势可以帮助你立足于细节和理性。

一些试图看到更大图景的人可能看起来与世界有些脱节。他们可能很难去理会解决具体问题需要的细枝末节。另一些人可能在需要帮助解决重大问题时求助于有洞察力的人，如人生该怎么过，或自己的方向是否正确；但当面对具体问题时，他们可能发现有太多观点的人是最糟糕的建议来源。

朱迪，一位64岁的退休的心理咨询教授，谈到了自己对洞察力的过度运用。

我一直对哲学和神学着迷。我花了多年的时间才意识到，我在和人们的相处中过多强调这件事情了。我加入一个读书俱乐部已经很多年了。我们会讨论一些重要的事情，每个人都提出自己的想法，然后我就会把事情往一个完全不同的方向引去。当每个人都在讨论两个人物之间的冲突的时候，我会想到一些像老子或甘地这样的智者说过的有关冲突的话，然后我就会使讨论脱轨，搞得大家不知道该如何回应。小组中终于有人对此向我提出质疑，我这才开始意识到我在咨询中见病人时也是这样做的。他们想知道的是该对他们的配偶做什么，而我则试图教他们人际关系的本质。有时我认为这真的很有帮助，但在其他时候，我认为我更感兴趣的是自己喜欢的东西，而非对他们有帮助的东西。随着时间的推移，我现在能更多地去同理别人的感受和他们的出发点。

洞察力的最佳运用：
黄金法则

洞察力座右铭

"我考虑不同的（并与当前情况相关的）视角，用自己的经验和知识来看清大局，为别人提供建议。"

想象一下

想象一个身陷泥潭的朋友来找你。也许他失去了工作，正和配偶吵架，或者在经济上遇到了困难。你能感受到他的痛苦，但你也立即从更为广阔的视角看到了，生活并没有结束，尽管事情可能变得很糟糕，但重建的可能性就在眼前。你意识到这一点，但也知道他对此还没有准备好。你和他坐在一起，倾听他——更多地去倾听而不是说话。你勇敢地提出一些具有挑战性的问题，这些问题能带来深刻的见解，但又不至于压垮他。你找到一种方法，能带来希望，但不夸大或轻视他目前的痛苦。你用善良和社交智能优势来反复肯定和认可他的感受。你寻找他近期就可以用的资源，并为他提供持续的支持和咨询。

美德：勇气

| 勇敢 | 毅力 | 诚实 | 热情 |

锻炼意志和面对逆境的优势

勇气这种美德对应着你的意志力——尽管在你的内在（消极的想法）和周围（与你意见相左的人）出现了一些挑战，但你还是深入挖掘，找到动力，达成目标。勇气这个美德有点不好理解。勇气和勇敢经常被用来表示非常相似的东西，所以你可能不太清楚为什么勇气被认为是一种美德，而勇敢则是一种品格优势。我们接下来会讲到勇敢，它与特定类型的行动有关。当你做一件事时，尽管有风险或心生恐惧，但你还是去做了，因为你知道这是正确的事情，这时你就表现出了勇敢。我们所描述的三种类型的勇敢——身体上的、心理上的和道德上的勇敢——的共同点是，决定在面对风险或未知时为善而行动。

这和勇气有什么不同？在VIA分类中，勇敢是指勇敢的行为。勇气是更广泛的东西，是一种生活态度或方法，使一个人在必要时能够勇敢地行动。勇气类优势还包括毅力，因为勇敢的行动往往需要具备无论面对何种障碍都能坚持目标的意愿。它还包括诚实，因为忠实于真相是能够做出善良和勇敢行为的关键。它还包括热情，因为勇敢往往产生于对生活的热情、乐观和活力。在VIA分类中，有勇气的人即使在不需要勇敢的时候，也会表现得坦率和值得信赖。

关于勇气的最后一点说明是，恐惧和焦虑对判断一个人是否有勇气非常重要。有些人几乎没有焦虑感。这些人倾向于冒险，因为没有内心的声音告诉他们不要冒险。这种人被视为鲁莽、冲动甚至愚蠢，这并不罕见。有勇气的人则准确地衡量风险，并适度地害怕负面的结果。他们不会轻率行事。他们的勇气来自行动的强烈意愿，这种意愿大于他们的恐惧。换句话说，他们认识到，他们的行动可能带来好处；这种对收益的认识压过了他们内心的负面意见。

勇敢

| 是什么 | 为什么 | 怎么做 |

关于勇敢优势的知识

勇敢意味着直面挑战、威胁或困难。它包括重视一个目标或信念，并且无论这个目标或信念是否受欢迎，都根据它来采取行动。勇敢的一个核心要素是面对恐惧，而不是逃避。勇敢至少有三种形式。有身体上的，像士兵和消防员那样冒着身体上的危险。有心理上的，这出现在当你直接面对自己的心理、情绪和其他个人问题时。这往往意味着勇敢地承认甚至与他人分享你的弱点和挣扎，必要时还会向他人寻求帮助。还有道德上的，即使有人反对，也要为正确的事情发声。当你为那些不幸的人或无法保护自己的人挺身而出时，或者当你在一个群体中为大家的权利代言时，就会出现这种情况。人们表现出一种形式的勇敢而不表现出其他形式的勇敢是很正常的：战争英雄也许在个人生活中不敢冒险，或者有人为社会正义而战，但在亲密关系中却不能直面自己的焦虑。

勇敢并不是没有恐惧，而是面对恐惧、风险和未知却仍有行动的意愿。你的行动意愿高于恐惧。如果你所面对的令你害怕的情况令其他人也觉得是有威胁或可怕的，如冲入正燃烧的大楼去帮助别人，那么这种勇敢被称为"通用的勇敢"；如果你面对的情况通常只有你自己觉得可怕，如害怕封闭的空间，那么这种勇敢被称为

"个人化的勇敢"。勇敢的例子包括抵抗喝酒或吸毒的同辈压力，站出来反对那些霸凌年幼者的人，平和地面对严重的疾病，为一项有价值的社会事业发声，或者冒着失去晋升机会的风险去报告工作中的不道德行为。

在许多情况下，采取勇敢行动的人并没有意识到自己是勇敢的。只有在有人用明确的解释指出其勇敢行为后，这个人才会理解并将自己的行为与勇敢联系起来。这表明了之前我们讨论的发现优势的重要性。

依靠你的勇敢，你可能习惯了进入未知世界，应对不明状况，有时还面临风险。通常，这是勇敢的一部分。当勇敢处在最佳状态时，你会根据对正确事物的信念采取行动，并且直面路上的恐惧和对抗。

为什么勇敢是可贵的

- 与他人亲近往往意味着暴露自己的脆弱，勇敢有助于人们接受这种脆弱感，从而有助于建立和维持亲密关系。

- 在战胜挑战和构建积极的应对技能的过程中，勇敢让人保持坚韧。

- 勇敢包括采取行动和承担风险，这是个人成长和取得成就的两个关键因素。

- 勇敢是指在遇到错误或不公平的事情时勇于发声。这种行动最终可以带来重大的长期利益，通常是造福他人的更高的善行。这些行动也会产生信任。

怎样激发勇敢

反思

- 你的勇敢是如何表现出来的？例如，承担身体受伤的风险，支持不受欢迎的观点，允许自己在情感上有受伤害的可能，不随大流地思考。

- 勇敢如何引导你对生活产生积极影响？有消极影响吗？

- 勇敢如何为你带来人们的钦佩？

- 勇敢是如何让人们为你担心的？

- 勇敢如何令你失去了某些经历或机会？

- 你如何调整自己的勇敢，以避免过度运用？

- 勇敢对你的自我形象有多重要？

- 是什么促使你勇敢地行动？

发现优势

来认识一下丽塔，一位28岁的护士。

勇敢一直都是我的一部分。当我看到同学被别人欺负或被利用时，我无法忍受。我会跳出来，让霸凌者知道我的想法。我态度很强硬。幸好我身材不娇小，否则一路走来，我可能会让自己陷入一些很糟糕的困境。

这种捍卫我认为正确的立场的做法，已经成为我在医院工作的一个重要部分。有时候，医生或其他护士会给病人提出糟糕的建议，因为病人及其家属掌握的信息不全，或者已经疲于奔命。而由于我已经与那个病人合作比较密切，我知道这是一个坏主意。我不会跳出来说：

"嘿，你错了。"但我会把他们带到一边，让他们重新想一下。有时候，当事人并不领情。但如果你用正确的方式说，大多数人都会意识到自己的错误，这样我们就可以解决这个问题。我觉得这是我为病人提供的一项重要服务。

行动起来

在人际关系中

- 考虑一种亲密关系（或你想要变得亲密的关系）。勇敢去表达对对方的赞美（可能产生积极情绪的东西）。专注于他们的体验，而不是你的紧张。

- 考虑与你的伴侣讨论你在亲密关系中的一个恐惧（对亲密关系的恐惧、对伴侣离开你的恐惧等）。如果和你的伴侣讨论这个问题似乎太难的话，就在日记中勇敢地探索这种恐惧。

- 记下你所担心的有关一个朋友的事情，一件影响他幸福的事情。勇敢地与他分享，或者思考你会怎么跟他分享。如果你与他分享了，一定要发挥其他优势，如社交智能、洞察力和善良，这将帮助你很好地说出这件事。

在工作中

- 当你愿意尝试那些结果不确定的事情时，你就在表现勇敢。例如，在一个项目中承担更多的责任，或者开始一个对你来说有困难的新项目。

- 开始一个你一直逃避或拖延的工作任务，直面这个任务。勇敢地迎接挑战。

- 通过适当的渠道报告不公正、不道德的做法，或者滥用权力或资源的行为。

在社区中

- 专注于你可能做出的勇敢行为的结果。例如，想一想可以从你的帮助中受益的人，或者可以采取的行动的好处。
- 想一想你所在社区中的勇敢者榜样，以便受到启发，并倡导高尚的价值观和有意义的事业（写作、为正义大声疾呼、加入公益组织）。

在内心深处

- 挖掘个人化的勇敢，关注大多数人都不害怕而你却害怕的东西。发挥你的勇敢和最好的应对技巧，包括你的标志性优势，在管理或克服这个私人问题上取得一些进展。

找到平衡

勇敢运用不足

勇敢运用不足往往意味着在特定情况下没有站出来捍卫你认为正确的东西，而是拣容易走的路，或在压力下放弃。其结果是活得不真实。没有人是完全真实的，未能充分运用勇敢的情况不时就会发生。勇敢运用不足的一个极端是怯懦和畏缩。在某些情况下，人们之所以未充分使用这种优势，是因为他们不知道可以采取的行动：他们停留在"自动驾驶模式"，按部就班地过日子，从未想过要采取行动。当然，缺乏自信也是其中的一个因素。

在一种情况下勇敢，并不意味着你在所有情况下或在非常不同的情况下都会勇敢。例如，一名警察可能在工作中表现出令人难以置信的勇敢，但随后又拒绝面对他自己的脆弱点或缺点。

勇敢运用过度

勇敢者的"阿喀琉斯之踵"并不难发现——他们可能很快就会越

过"安全界限",令自己处于危险和伤害的风险之中。往小处说,他们可能显得急躁、充满对抗性或有意见。对某些人来说,这是勇敢的魅力和乐趣的一部分。这也可以表现为"肾上腺素成瘾",有人为了体验这些活动带来的快感而寻求增加风险程度。过度冒险也可以反映出过度自信。风险评估不准确可能意味着判断力不足。当勇敢者的伴侣感到担心或被卷入他们本来会避免的情况时,他们的关系肯定会受到影响。

勇敢的一个重要部分是做你认为正确的事。通常,勇敢是有时间和地点限制的。过度运用勇敢可能发生在当一个人强力推动一项议程时,它会导致他人反应消极,拒绝接受其想法,或者最终忽略这个人及他提出的问题。在计划如何运用勇敢的过程中,谨慎是很重要的,而自我调节对于你在明显走得太远时能够回头是很重要的。最后,对相关人士的爱心和善意将有助于他们理解你的意思。

22岁的家庭主妇莱西对她过度运用勇敢有以下的评论。

当我还是个孩子的时候,我经常被人霸凌。随着年龄的增长,我决定要确保别人不占我的和他人的便宜。我真的必须学会控制自己。我过去常常在认为有人做错事的时候跳出来,或者说出一些让人心生防备的话。我必须学会认识到,有时候我才是错的那个人,即使我是对的,我也应该体谅我所面对的人。我还得和这些人一起工作,或者和他们一起上课,他们值得我尊重。这确实是个问题,因为有时我真的会冲进去说"你的做法是不对的"。但我知道我有时需要讲究技巧,不要让人觉得受到攻击。我的理智并不总能跟上我冲动的行动!

勇敢的最佳运用：黄金法则

勇敢座右铭

"我凭着自己的信念行事，直面威胁、挑战、困难和痛苦，尽管我有疑虑和恐惧。"

想象一下

想象你在参加一次市政厅会议，大家正在讨论一个有争议的话题。大多数人对这个问题都有同一种看法，你却有不同的意见，并且相信这是正确的选择，符合道德并会使大多数人受益。但你对举手发言感到紧张。你衡量了一下情况，意识到这是会议期间的正确时机，所以你举手了。你坚定地提出自己的意见，坚持自己的观点，也没有攻击或贬低对方。你坚持坦诚地分享，即使在这个会议上如此直接地说出不同意见是很有挑战性的。你运用洞察力看到了事件的大局，而你是整体的一部分。当意识到自己的紧张时，你注意用呼吸来控制它，并保持希望，相信你正在向为大众争取更多的利益迈出一步。

毅力

| 是什么 | 为什么 | 怎么做 |

关于毅力优势的知识

毅力就是坚持不懈地做事。它意味着尽管出现障碍和壁垒，人们仍然勤奋地继续做已经开始了的事情。对于毅力很强的人来说，完成任务和项目所获得的快乐是非常重要的。有时，他必须深入挖掘并鼓起意志力，以克服放弃的念头。毅力包括调节自己以支持自己的行动（如安排休息时间、一路上给自己小小的奖励），但当所有调节手段都失效时，这种优势能够帮助人们克服障碍，直到达成目标。这有助于为未来的成功进一步建立信心。

厌倦、挫折和挑战是毅力的敌人，但毅力优势的部分奇妙之处在于将它们视为学习的机会和需要克服的额外挑战。在拥有毅力优势的人看来，失败更有可能是缺乏努力，而不是运气不好。重点是要有强烈的责任感来实现个人或职业目标。

你的毅力有两个关键部分：实质性的努力和持续的努力。你会用力，但就像玩具"劲量兔"一样，你也会一直持续不停。当毅力在最佳状态时，你会牢牢记住短期和长期目标，克服内部和外部的挑战，不走捷径，以健康的能量和动力水平去完成任务，并享受整个过程。

为什么毅力是可贵的

- 毅力有助于你提高技能、增长才干和发挥机智，以及建立其他品格优势。

- 毅力可以让你建立自信，相信事情是可以做成的，个人的控制力能够发挥作用，因此你就可以有效地工作。

- 有毅力的人通常被视为可靠的人、会履行承诺的人。这有助于你成为一个有价值的团队成员，并与他人建立信任，这可以成为良好关系的基础。事实上，是否值得信赖是别人评价我们的最重要的维度之一。

- 有毅力的人专注于完成任务，而不是追求完美，这样能培养灵活性和自制力。

怎样激发毅力

反思

- 什么时候你会很投入地坚持做一件事，而不把这当作一件苦差事？

- 是什么促使你坚持不懈？

- 是什么原因导致你停止坚持？

- 其他人在你坚持的过程中扮演什么角色？是帮助者还是阻碍者？

- 坚持的成功经验对你对待以后的挑战有什么影响？

- 还有哪些品格优势支持你坚持完成任务？

发现优势

来认识一下凯西，一位52岁的航空公司飞行员。

毅力几乎定义了我的一生。我年轻的时候，人们极力劝阻我不要参加赛车比赛，因为那不是女人该做的事情。当然，我坚持学习赛车。现在我收手了，但我已经创造了三项女子团体赛的世界纪录。我还曾创下了女子组队比赛次数最多的纪录。后来，我的姐姐去世了，我被悲伤冲昏了头脑。为了化解悲伤，我在赛车中追求世界纪录。没有人能够阻止我。

在整个飞行生涯中，几乎我参加的每次飞行认证都是很艰难的。人们会说："你不应该这样做，因为你是个女人，而且你很矮。"这就像那种无休止的骚扰轰炸。我是副机长，经历了非常艰苦的训练；我很能干，也很聪明，航空公司的训练让我达到了极限。我听说世界上的女机长不到一千人，我基本上是靠着纯粹的毅力熬过来的。

我可能天生就是这样的。我知道有些人是靠长相或才华过日子的，而我则要靠努力。我是家中第五个孩子，当我的父母有了我时，他们说："让她去吧，她会做得很好。"他们已经尽了最大的努力，让我去做一个勇往直前的人，去做一切事情。

当一些困难、痛苦或可怕的事情发生时，并不代表你"错了"，它们只是你追求想要的东西的过程的一部分。对我来说，意识到这一点是坚持不懈的一个关键。

行动起来

在人际关系中

- 当你在关系中遇到挫折，觉得有想从那个人身边抽身的冲动时，不妨考虑一下如何利用这个机会，直接提出这个问题，进而推动关系的发展。

- 想一件积极的事情，它是你曾想在某个亲密关系中实现却一直拖延的（如给某人打电话，给某人买一份小礼物，为某人制作一些东西）。努力开始并完成这件事，以使关系受益。

在工作中

- 尽管可能出现挑战，但毅力可以帮助你坚持完成项目的每一步，直到实现目标。通过向同事承诺定期提供最新进展情况，练习在项目或具有挑战性的任务中使用你的毅力。

- 强调努力而不是完美。当你发现自己在一个项目中苦苦挣扎的时候，请把注意力集中到尽力而为上。付出最大的努力，而非专注于一个完美的最终结果。

- 在今天设定一个新的工作目标。列出两个可能出现的障碍，以及你将用来克服这些障碍的方法。

在社区中

- 在你的社区中选择一个榜样，一个坚持不懈的典范，并决定如何追随他的脚步。

- 参与一个以社区为导向的项目，每周设定小目标。将它们分解成实际的步骤，按时完成，并监督每周的进展。

在内心深处

- 说出一个你想解决的个人问题，也许是一个恶习。思考如何摆脱这个恶习。换句话说，思考在这个问题上"再坚持一下"会是什么样子。

找到平衡

毅力运用不足

厌烦、懒散、惰性是毅力运用不足的表现。无助感或缺乏控制感很可能在一定程度上存在。有些人比其他人更容易放弃，这可能由于他们信心不足，或者他们拥有的与手头的课题或项目有关的知识或技能太少。除感到无助（helpless）外，其他的"h"，即"绝望"（hopeless）和"不幸"（hapless）（有时被称为抑郁症三角），也可能与毅力运用不足有关。

人们可能只在特定领域出现毅力运用不足的情况。对一些人来说，这种情况可能更多发生在课堂上，而对另一些人来说，则发生在工作场所或他们的亲密关系中。这往往是你在那种情况下有多少自信或控制感的反映。

不切实际的高期望也会导致失败，所以你必须控制住这些期望。这些期望导致的失败经历会削弱你在未来坚持的能力。重要的是要确保把任务分解成可控的部分，这样你就可以一直获得成功的经验。

毅力运用过度

在某种特定情况下，当你的毅力太强时，你可能表现出一种不屈不挠的固执，努力向前推进。前面提到的不切实际的高期望可能是其原因。而在某些情况下，这种固执达到了痴迷和强迫的程度。当你明显无法达到目标时，放手的智慧将帮助你对抗毅力的过度运用。一个容易理解的例子是"工作狂"，尤其是那些以牺牲家庭、社会关系和自我照顾为代价的人。

有些人为了维持一段关系，运用了太多的毅力，以至于他们没有意识到这段关系是"有毒"的，或者干脆已经不再有生命力。来自值得信赖的他人的反馈是建立洞察力和勇敢的重要途径，也是对自己诚实，避免过度运用毅力的重要方法。

36岁的投资银行家玛格特分享了自己对毅力的过度运用。

我的毅力是我所有成功的根源，但它也有另一面。我经常发现自己在成就"赛道"上，总是在追求下一个目标，而不是享受身边的一切。现在我有了孩子，他们教会了我一些东西，我也不像以前那样卖力了。我现在已经不再一味地追求下一个成功了。我做到了我的家庭中其他人之前都没有做到过的事情。我不得不怀疑，我的动力是否部分来自我就是想通过这样的方式证明自己。我现在有了更好的平衡，但我必须努力不断提醒我的"旧我"，这样我就不会不懈地追求一些并不好的选择。

我现在也认识到，有时候放弃是正确的。在遇到我丈夫之前，我有过几段很糟糕的亲密关系。但我一直告诉自己，我可以让它们变好，当它们没有变好时，我甚至责怪自己，如果我再努力些，我就可以把它们变好。对待工作我也是这样，当工作明显不适合的时候，我也没有离开。

毅力的最佳运用：
黄金法则

毅力座右铭

"尽管有障碍，或者感到沮丧或失望，我仍坚持自己的目标。"

想象一下

想象一下，你有一个巨大的、长期的家庭或工作项目，你正在为此而努力。这个重要的项目如果没有良好的毅力是无法完成的。你谨慎地将项目分解成更小的部分，运用领导力适当地委派任务，运用希望来保持项目的愿景，运用勇敢来面对困难，运用热情来保持能量和对项目的兴奋之情。每种优势都与你坚持不懈的追求相配合并被它激活。你提醒自己，出现的障碍只是过程中自然的一部分。

诚实

| 是什么 | 为什么 | 怎么做 |

关于诚实优势的知识

当你诚实时，你说真话；更广泛地说，你真诚地、不矫饰地展现自己，并为自己的感情和行为负责。你是一个诚实的人——你是你所说的那个人——你在生活的各个领域始终如一地行动，而不会在社区里是一个样子，在家庭里是另一个完全不同的样子。因此，你相信你一直都是对自己真实的。

往往，当你考虑到自己在社会上扮演的多重角色（如朋友、父母、子女、配偶、邻居、上司、下属、同事、志愿者等），以及持续坚持自己的价值观是多么困难时，这种品格优势的复杂性就会显现出来。但由于诚实是一种帮助人们纠错的优势（它可以保护我们免受判断错误的影响），所以当必须在容易的事和正确的事之间做出决定时，诚实表现得最为突出。

诚实受到普遍重视，特别在亲密关系中。它是健康沟通和亲密关系的支柱。诚实的人尊重他们的承诺。诚实对于建立强力的人际关系起着核心作用，因为诚实的人被视为值得信赖和可靠的人。

诚实就是要做到真实。当诚实在最佳状态时，你就会坚持和表达你的真我——你的核心品格优势——而不是扮演一个与你的价值观不一致的角色，或者压制真我。这将呈现出真实的你，也会让别人真正了解你。

为什么诚实是可贵的

- 诚实的人通常被认为是值得信赖的,这对培养健康、积极的人际关系有很大帮助。

- 诚实可以帮助你确立准确的目标,反映你的真实价值和兴趣。

- 为自己的行为承担责任,可以使你对自己的生活有更大的掌控感。

- 诚实可以让你对自己的能力和动机进行更准确的评估,对他人也是如此。

怎样激发诚实

反思

- 在私人关系和工作关系中,你对承诺的履行情况如何?

- 犯错误时,你是否愿意承担责任?

- 你有多少次通过找借口、指责、有意淡化或将结果合理化来摆脱负罪感?当这些情况发生时,你意识到了吗?

- 你怎么给予别人反馈?是建设性的、直接的,还是挑战的?当别人的反应与你的预期不符时,你是否不再给予反馈?

- 谁是你在诚实方面的榜样?在诚实这一点上,你如何提高自己的示范作用?

发现优势

来认识一下卡姆登,一位24岁的社会工作者。

当看到诚实是我的第一大优势时,我一开始很惊讶,但越想越觉得有道理。我从来都不喜欢别人经常说的那种"善意的小谎言"。如果有人让我做一件事，我不想做，我会说我不想做。我不愿意说"对不起，我很忙"或"这听起来是个好主意，但我现在不行"。我只会说"对不起，我只是不喜欢"之类的话。当人们说一些话让我感觉不对的时候，我总是倾向于让他们知道这点。你可以说我是个直爽的人。

最重要的事是对自己诚实。当人们给我负面反馈时，我想要和他们争论。我和所有人一样曾犯过这样的错误。但我学到的最重要的人生课程之一就是接受批评，并从中找到真相。批评可能包含部分真相、一丝真相，或者全部都是真相：当人们做出批评时，他们是在分享自己的观察，所以几乎总是含有一些真相。这对之前我攻读研究生真的很有帮助。我知道当被教授批评的时候，其他学生会很不高兴，或者忽视它，但我真的试着把它记在心里。它帮助我在职业生涯中做得更好。

行动起来

在人际关系中

- 联系一位你曾告诉过"部分"事实的家人或朋友，并把完整的事实细节告诉他们。

- 当有人问你的真实意见时，把你的真实意见告诉他们（也要有一定的善意）。

- 写一封信给某人，表达你以前没有表达过的对他的感情。如果你足够勇敢去表达，而且你的社交智能告诉你，他很可能觉得这是一种积极有益的经验，就去做这件事。

在工作中

- 在项目中向团队成员提供诚实的反馈，并一定要在被问及时提供关键性的意见。

- 当与同事交谈时，检查你的谈话是否有任何不直接、不清晰或不具体的地方。留意那些会使你从纯粹的诚实表达中脱离出来的免责声明、夸张、回避和有意淡化。

- 真实地展示你自己和信息。遵守"说话算话，说到做到"。

在社区中

- 写下你认为社区里还没有被直接、诚实地处理的问题。考虑与他人分享它。

在内心深处

- 对自己诚实。说出一个你一直避免面对或谈论的弱点或恶习，并开始以更诚实的态度面对它。

找到平衡

诚实运用不足

你不可能每次都完全诚实——这对别人或对自己都是最好的选择。我们的大脑善于转移责任，保护我们远离痛苦的感受，淡化令人尴尬的事实，并提供聪明的办法来逃避完全的真相。我们使用免责声明、夸张和合理化来保护我们的自我形象。在亲密关系中，最好的方法是彼此透明，但在有些关系中，诚实可能被打压、被嘲笑，或者根本不是家庭或工作文化的一部分。有时，人们会心照不宣地在交流中保密和隐瞒事情。

在很多社交场合中，选择不充分运用诚实要容易得多，因为这有助于推进形势发展或保护对方的感情。你需要运用社交智能来判断不充分运用诚实在这种情况下是否合适，以及恰当地运用诚实是否最好。但选择更诚实些的好处是，它将帮助你更清楚地思考，你是为了保护别人的感情而隐忍，还是因为这样做似乎更容易。善意的谎言与习惯性撒谎、说半真半假的话有很大不同。

对于很多人来说，做到直率和非常诚实很难。他们觉得这让他们感觉脆弱，担心别人会利用他们。有时，人们会形成一种不良的应对策略。例如，许多有毒瘾的人的生活座右铭是"不要去感受，不要去透露，不要去信任"。这种不诚实的方式可能保护了他们，或者在过去对他们有用，但它给成年后的关系带来了限制，解决这个问题很重要。

此外，你可能对他人做出预设，就像杰克·尼科尔森在电影《好人寥寥》中说的那样："你无法承受真相！"然而，很多时候，这种预设是一种借口，只是因为在现实中我们觉得说实话并不舒服。当你有这种想法的时候，想想你是在保护对方还是在保护自己。

诚实运用过度

现代研究已经清楚地表明好东西也可能过量。过度坦诚和讲真话会对他人造成伤害和损害。很多时候，他人在心理上还没有做好接受真相的准备。考虑他们是否可能准备好了听一部分真相或一个较温和的版本。太过诚实可能使问题看起来比实际情况更大，甚至使问题恶化。提供反馈的方式也是一个需要考虑的重要问题。如果分享的方式太过直白或对听众有伤害，只会让事情变得更糟。而在其他一些情况下，分享可能是对应该保密的东西或个人信任的侵犯。

58岁的哈维尔是一位顾问和公开演讲者，他对过度运用诚实有下面的看法。

我真的很重视对别人坦诚，但我必须学会不让自己走得太远。我知道，我年轻的时候伤害了一些人的感情。我更关心让人们知道我的感受或想法，而不是考虑他们会有什么反应。但随着我越来越成熟，我意识到这么做并不总是必要的。所以，现在我不再说"我不喜欢你这样做"这样的话，而是"你知道这伤害了我的感情"，或者在谈话中负责地表达"这只是我个人对事情的看法"。这是一个艰难的教训，但它是一个重要的教训。我想我还是和以前一样诚实，但我学会了总是去考虑对方会怎么听我所说的话。

诚实的最佳运用：黄金法则

诚实座右铭

"我对自己和他人都很诚实。我努力把自己和自己的反应准确地展现给每个人，并为自己的行为负责。"

想象一下

想象你正在努力成为一个正直和真实的人。在人际关系、工作和社区中，你尽力做到从始至终保持诚实。你说的是实话，但当你分享负面的消息时，你会考虑别人的感受。你在沟通中直接而清晰，人们相信你的话。当独处时，你也会优先考虑同样程度的诚实和诚信。在你的商业关系和社会关系中，你让诚实作为最高的品格优势出现并推动你和别人的互动。有时，赤裸裸的诚实是困难的，却是必要的。你迎难而上，诚实地表现出勇敢和毅力，但在向他人表达自己的时候，也表现出善良和社交智能。对自己的弱点或失败坦然相待，意味着你在某些时候会遭到严厉的批评，你用洞察力来接受这样做是正确的。在你的诚实之旅的每一步，都有一个伴侣优势为你护航，这个优势就是善良。

热情

是什么　为什么　怎么做

关于热情优势的知识

热情意味着充满兴奋、精力充沛地对待某种情境或整个生活，而不是半途而废或三心二意地对待任务或活动。热情的人早上起床时很兴奋，他们的生活就像一场冒险。

热情指的是对不同的活动都感到有一种活力和激情。热情优势与生命力（vitality）有关，vitality来自拉丁语vita，意思是生命。换句话说，热情有助于你全身心感受到活力，并尽可能充分地参与生活。这样一来，热情的能量对于保持强健和建立良好的身心健康习惯至关重要。你绝对不会在生活中只做个旁观者。你的热情富有感染力，重视热情的人经常想和你在一起。

这种能量出现在不同的生活领域。热情通常与感觉自己听到了人生中的"召唤"有关。热情不仅带来快乐，还有助于找到生活的意义或目的感。当热情处于最佳状态时，你对生活的热情会以一种平衡的方式表达出来，为自己和他人创造快乐，并建立有意义的关系。

为什么热情是可贵的

- 你很可能把工作看作一种人生的"召唤"，因为你在工作中找到成就感、意义和目的。

- 热情是与幸福感联系最紧密的两种优势之一。

- 热情与幸福的各种要素紧密相连，包括高度的快乐、投入感和意义感。

- 热情能帮助你吸引他人，为发展有趣和有意义的关系提供机会。

- 热情与希望优势紧密相关，因为这两者都与更高的积极性一致。热情更多地指向当下，但两者都有展望未来的元素。

- 热情可以让你的能力、技能和天赋得到更充分的表达。

- 热情可以激活你的灵感，激励你去承担和完成新的项目。

怎样激发热情

反思

- 什么条件（人、地方或活动）能让你的热情迸发出来？

- 什么条件会阻碍你的激情或热情？

- 热情如何促使你的生活中发生积极的事情？

- 如果有的话，热情是如何把你引向后来让你后悔的方向的？

- 良好的健康习惯（如营养、运动和睡眠）如何为你的热情创造条件？

- 别人的能量水平如何影响你表达激情或热情？你的能量水平如何影响他人？

- 热情被描述为一种"增值"优势，这表示当它与其他品格优势相结合时，其本性可以得到最好的体现。你的哪种品格优势与热情结合得最好？

发现优势

来认识一下皮埃尔，一位42岁的职业理疗师。

我总是为每天的生活而兴奋。我睡得很好，早上醒来就会想着今天生活会带给我什么。我一直都是这样的。我小时候是个好孩子，很受欢迎，我想这是因为孩子们总是认为我很热情、很快乐。有些孩子因此取笑我，但我从来没有在意过。事实上，我认为这对我来说是一种真正的财富。在涉及与人交流的工作中，我一直很受欢迎。我曾经在一家商店做销售工作，我的激动是有感染力的，当人们发现我因为某种商品而兴奋时，他们也会变得很兴奋。我的业绩很好。如果我觉得他们看中的商品不合适，我会告诉他们，而当我认为它确实适合他们时，他们往往会被我对它的热情感染。

职业理疗对我来说是一个很好的职业选择。我经常和那些处境不好的人一起工作。他们很伤心，试图从一些身体问题中恢复过来。我想我的能量有时能帮助他们振作精神。我试着让他们对于自己更有力量会是什么样子感到兴奋。

行动起来

在人际关系中

- 询问你的伴侣一天的生活。当他分享成功或积极的故事时，给他热情的回应，并对他与你分享更多的东西持积极肯定的态度。
- 在你的某个亲密关系中，发现对方的一个品格优势，并对这个优势表示热情和赞赏。

在工作中

- 在工作中，我们经常会出现这样的情况：完全只注意完成工作，而没有以饱满的热情对待工作。在工作中做你已经在做的事，但要多投入一些精力和活力。通过思考积极面来激发你对工作的热情。

- 因为热情会受到运动的影响，所以在工作中的间隙，你要定期去散步。戴上计步器，这会让你有动力行走。如果你每天行走少于5 000步，那你的生活方式是不爱活动的，而每天行走超过10 000步则被认为是积极的生活方式。通过设定合理的步数目标，温和地增加你的步数和热情。

- 在做一项作业或任务之前，想办法让它变得令人兴奋和吸引人。

- 如果你发现精力快耗尽了，就休息一下。从事一项自我保健活动，做一些你喜欢做的事情。致力于让自己带着更轻松的心态回到任务中去。

在社区中

- 带着热情和活力去完成你所在社区的一项任务。看看你是否能激发他人同样的情绪。

- 当你进入社区时，通过外表——衣服、鞋或引人注目和多彩的配饰来展现你的能量。

在内心深处

- 以独特的方式消耗你的能量：在床上跳跃、原地奔跑、与伙伴一起练习瑜伽或身体拉伸，或者和孩子或宠物绕圈追逐。

- 对你的一项个人特质充满热情。说出你在自己身上看到的积极品质，花点时间去品味它。让自己为这种品质对你的重要性而感到兴奋。

找到平衡

热情运用不足

当一个人在工作中表现得缺乏活力，对新的想法没有什么热情，或者在他们的身体语言中显露出泄气时，就很容易看出热情运用不足。这可能由于此人的衰弱、疲倦、生病、无聊、缺乏兴趣，甚至是抑郁症，或者其他一些生理或心理的因素。也可能是社会性的原因，如身边有消极的或喜欢批评人的人，或者工作劳累过度。当你注意到自己的注意力和兴奋度下降时，应该评估其原因。对热情运用不足的应对包括找出其原因。缺乏热情的状况也许可以通过加强运用你的标志性品格优势（这通常是你的最高能量来源），做更多积极的身体活动（如散步和锻炼），和乐观积极的人相处，或者做更多的自我保健来改善。

热情运用过度

虽然和热情洋溢的人相处，人们也会变得热情，但在某些情况下，这种能量可能变得过于强大，特别是当热情特别强烈和持续的时候。热情过度运用可能是因为时机（如大清早）或环境（如在殡仪馆）不对。其他人会对一个很有热情的人产生怀疑，怀疑他们的热情是假装的或不真实的，或者认为他们的活力或热情太过头了。在最坏的情况下，人们会想避开这个行为上很有热情的人。运用自我规范、谦逊或审慎的品格优势可以使过度运用热情的行为得到平衡。此外，在特定的情况下，当热情过多时，你可以把这种能量引导到感兴趣的其他领域，或者帮助发挥其他品格优势（而不是简单地压制热情）。

22岁的音乐人克里关于自己的热情过度运用有以下想法。

我一直是一个很"嗨"的人，人们会这样说我。我真的很"嗨"，但这是因为我的大脑在高速运转，想把事情想明白。我希望的是，我的大脑能在某个时候让我休息一下。在某个地方，我遗失了"关闭"开关。

我的女朋友告诉我，我的能量水平有时超出了大多数人喜欢的程度，而这会给我带来麻烦。有时这有助于我与人沟通，但其他时候我知道我有点过分了。当遇到某些情况时，我说话会很快，看起来几乎有些狂躁，但我能够放慢语速。我并没有失去自控，仍然可以放松自己。不过，我看上去肯定显得很奇怪。有时候我觉得人们在说："克里是怎么回事？他怎么总是这么积极？"但我女朋友说事情没有我想得那么糟。有些情况下，我实验过一些很愚蠢的事，你知道吗？如果不是因为我很幸运，我很可能因为尝试过的一些事情而让自己身陷窘境。即便如此，我在生活和音乐中也体验到了很多快乐，我不想改变它。

热情的最佳运用：黄金法则

热情座右铭

"我觉得自己精力充沛，生机勃勃，对待生活充满了活力和热情。"

想象一下

无论你目前的健康状况如何，想象你在生活的各个方面都体验到了很高的热情。你很高兴自己还活着。你对自己的人际关系、健康和周围一切好东西心存感激。你可以看到你的身心健康中好的和积极的因素。你能够活跃起来，这更给了你许多能量。

当你的健康或活力遇到阻碍时，你用勇敢面对挑战，用毅力继续前进。哪怕只是通过日常的小活动，你每天都会回到让你充满活力和振奋的路径上。在你的生活习惯中、在大自然中、在你与他人的互动中，你都能找到充满欢乐和活力的瞬间。你尽量减少消耗精神能量的东西，无论是某种食物或饮料、令人疲惫的关系，还是不必要的例行公事。你包容接受那些表现出较少热情的人。你在当下保持幽默，对自己的未来充满了希望和好奇。

美德：仁慈

爱　　　　　　善良　　　　　社交智能

处理一对一人际关系的优势

VIA分类中有两类美德与你对待别人的方式有很大关系。一个是仁慈，另一个是公正。仁慈一般与你在一对一的情况下如何与人沟通有关。虽然仁慈并不局限于一对一的情况，但在有两个以上其他人的情况下，通常也需要用到公正类的优势。人类天生就会被别人吸引。特别仁慈的人会把这种吸引力发展成能感受他人痛苦或了解他人感受的能力。他们知道说什么话或做什么事能使别人感受到关心或爱。他们会不遗余力地帮助别人。有时，仁慈的人为了他人不惜付出巨大的代价，或者仅仅因为同情而慷慨待人。

看似仁慈的行为，如果主要或完全为了个人利益，则并不代表真正的仁慈。照顾年长的亲戚，以便从该亲戚那里继承遗产，虽说并不恶劣，但也不是仁慈的行为。重要的是一个人一贯对他人的行为，因为一个人如果不是跟人们有深厚的联结，则不太可能一贯都做出非常仁慈的行为。仁慈类的优势包括爱、善良和社交智能。

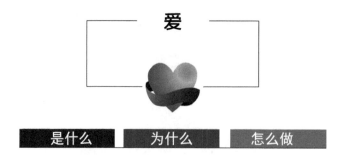

爱

是什么　　为什么　　怎么做

关于爱优势的知识

千万首歌曲和文学作品已经充分描述了什么是爱，但我们要明确这个术语在VIA分类中是如何使用的。在这里，爱作为一种品格优势，而不是一种情感，对应的是你重视与人的亲密关系，并能以温暖和真诚的方式为这种亲密关系做出贡献的程度。善良可以是应用在任何关系中的行为模式，但爱作为一种品格优势，指的是你对待最亲密、最温暖的关系的方式。爱是相互的，既包括爱别人，也包括愿意接受别人的爱。

爱包括强烈的积极情感、承诺，经常也包括为此做出牺牲。你可以体验到不同类型的爱：父母和孩子之间对彼此的依恋，伙伴之爱或友谊，对家庭的爱，以及罗曼蒂克的爱。其他类型的爱包括对宠物或动物的爱及无私的爱（也称灵性之爱）。科学家们认为，体验所有这些类型的爱的能力，植根于你对他人的早期依恋。在婴儿时期建立的安全依恋模式，可以在几十年后的成人恋爱关系中显现出来。

你对他人的爱是关于连接的：感受到和他人的积极温暖的连接，同时也给予他人这种连接。这种优势对于建立能够滋养和保持生活满意度的关系至关重要。

当你在表达爱的最佳状态时，你和另一个人之间很容易产生积极的情感，你会在这种互动中感受到一种纽带和亲近。几乎每个人在人生中都会接受和给出爱。但如果爱是你的标志性优势，则意味着那些充满爱的关系对你而言，是确定自己是一个有价值的人的关键所在。

为什么爱是可贵的

- 爱往往能促进人际关系中的宽容、同理心和宽恕，这有助于这些关系变得健康长久。
- 充满爱和安全感的人际关系与长寿和健康密切相关。
- 爱是与提高生活满意度最相关的五种优势之一。
- 充满爱和安全感的关系能提供人生意义和人生目的。
- 爱与健康的沟通模式相关，如适度妥协，以及有效地解决与他人的冲突。
- 练习慈爱禅（Loving-Kindness Meditation），在冥想中感受你对自己和他人的温暖。这种冥想已被证明可以增强这种优势，此外还能促进身心健康。

怎样激发爱

反思

- 在你生活的每种关系（朋友、家人、伴侣、同事）中，谁对你最重要？你如何以健康的方式对他们表达爱？如何用不同的方式表达爱？
- 你用什么方式向别人表达爱，他们又是如何接受它的？
- 你接受爱的程度如何？给予往往比接受容易，但良好的关系是双向的。爱的迹象是否让会你感到不舒服，或者害怕别人对你有所期望？

- 爱往往反映在我们如何与他人沟通，如何表达我们的愿望和需求，以及如何在关系中付出和接受上。它也反映在我们如何倾听和回应好消息与坏消息上。当听到别人的好消息时，你是否会真诚地与他人一起庆祝？当别人分享坏消息时，你是否会以发自内心的同情来回应？

发现优势

来认识一下马库斯，一位27岁的研究生。

我来自一个非常有爱的家庭。我是独生子，我的父母让我知道，他们总会在我身边。当我追求最大的爱好——棒球时，他们做出了牺牲，支持我。

当我被大学招募去打棒球时，我们都在庆祝——我的梦想要实现了。我从来没有想到接下来会发生什么。在练习的第一天，我就把膝盖弄伤了。就这样，我的赛季结束了，我的心也被击碎了。在那之前，我的身份是一名运动员，我从未真正探索过其他的东西。棒球一直给我的生活提供了一个有意义的框架，没有它，我很困惑，感觉很脆弱。更糟糕的是，我第一次离开了家人。我一直依赖的能指导和安慰我的人都不在身边。我很容易就会陷入非常黑暗的境地。但多亏了一位老师，我没有变成那样。

那位老师在我所在的大学里创建了运动与健康项目，他真心实意地关心每个运动员。我一受伤，他就给我父母打了电话，带我去看医生。他把给学生送去温暖和关怀作为自己的目标。在我康复的整个过程中，他一直是我的支持者，我知道他真心为我好。当他在我大二那年去世时，我意识到的第一件事是我想要成为他。我想同样向其他人展示他曾给我的爱和关怀。即使在多年后的今天，他仍然对我有如此大的影响。他珍惜他的亲密关系，而我也认识到，我的亲密关系对我来说是世界上最重要的事情。

行动起来

在人际关系中

- 在日记中记录充满爱的关系，反思在健康有爱的关系中最可贵的是什么。把你的思考所得付诸行动。

- 思考你现在在亲密关系中表达爱的程度。询问他们（并给出可能的例子），什么时候最能感觉到被爱（如积极的言语、身体接触、共度时光、关爱行为、赠送礼物）。以某种方式遵循他们的建议。如果这对你来说很有挑战性，就付出一些努力作为开始，或者讨论其他行动是否更适合你们双方。

- 每周抽出一些时间，在你最亲密的关系中体验不被打扰的高质量相处。

- 为你的亲密关系中的一个人做出充满爱的、口头上的赞赏。一定要提供一两个具体的例子来说明你为什么欣赏那个人。

在工作中

- 当你出于对他人的关心而积极做好工作时，当你对同事和客户热情关怀时，你就在表达爱的优势。你通过对同事的生活（职业的和个人的）表现出真正的兴趣来表达爱。在你与同事的下一次互动中（可能是在休息室，在走过他们的办公桌时，或在喝咖啡时），停下来向他们表示善意，并对他们本身真正感兴趣。

- 思考你工作中的某个具体部分对其他人有什么价值。把这当作你表达爱的一种方式来欣赏。

- 创造爱的微时刻。例如，当同事分享发生在他们身上的好事情时，以一种温暖和真诚的方式回应，并鼓励他们分享更多关于这个话题或事件的信息。

- 当你看到同事很有压力或一天都过得不顺心时，主动向他们提供支持。为他们送上支持的话语和真诚的关心。

在社区中

- 思考在你的社区中表达更多的爱会是什么样子的。也许你已经感受到了对邻里或城市的爱，但要将爱付诸行动，又该如何向前迈进？

在内心深处

- 慈爱禅练习是为了将我们可能轻易给予他人的温暖能量和关怀也转向自己。有许多书籍、视频和正在练习慈爱禅的人可以教你练习。找一个能让你对自我付出温柔和关怀的版本练习，在你内心的自我批评可能最强的时候，尤其要练习它。

找到平衡

爱运用不足

你可能发现自己很难对别人热情。这通常因为你以前受到过伤害，害怕承担这种风险。你也可能认识到，你不知道如何向他人表达温暖和关怀。鉴于爱对安全感和幸福感的重要性，你可能想采取措施去冒这个险。你可以问问你爱的那些人，你如何能更清楚地向他们表达你的感觉。

你可能注意到，在有些关系中，有些情况下，你抑制了爱的表达，或者慢慢减少了爱的情绪性的表达，特别在关系延续了多年或几十年的情况下。要记住，世界上大多数人际关系都可以通过用语言、行动或情感更多地表达爱而受益。

　　你可能注意到，你更容易向家庭成员、伴侣和朋友表达爱，但在工作和社区中的表达则可能不那么明显。这时就很容易让人察觉到爱的运用不足。然而，在这些场合，爱可以通过传递温暖、关心别人、耐心地倾听，以及其他真诚和积极的人际交往技巧而得到有力的运用。

　　爱的运用不足有时还体现为一种不平衡，即强烈地给予他人爱，但又难以接受爱。换句话说，不允许他人给予爱的回报。有些照顾者往往把这一点当作一种荣誉勋章，认为自己只是给予者，却没有认识到这种爱的运用不足的现象及它对关系的负面影响。我们可以把爱看作一条双行道，在这条道路上，给予和接受的价值是相等的。

　　另一个常见的未充分运用爱的现象是没有把爱转而向内，爱自己。这可能体现在缺乏自我照顾或自我管理能力，或者常常批评自己或对自己很苛刻，特别当你犯错的时候。

爱运用过度

　　过度运用爱意味着你对某人的爱表现得太过强烈，也许那个人认为自己还并不很了解你。这种过度运用会阻碍关系的建立。我们指的不是单相思、暗恋、英雄崇拜，也不是粉丝对明星的迷恋；这些都不是真正的爱的表达，因为这些感情只是单向的。我们这里指的是在某人还没有准备好回应这种亲密关系之前，就想与他确定关系。特别是，这个人可能是一个对爱运用不足的人，或者他正在为你的暗示而苦恼，尽管你认为你的表达很典型、直接。不过，如果你真的爱这个人，你就会敏感地意识到他在被爱方面的困难，并且放慢步伐。在别人没有回应的时候，向别人付出爱，也可能让你受到伤害或被利用。

对于爱，你需要冒风险，但你也需要考虑让自己的努力与对方的努力保持一致。

28岁的会计师苏菲对于自己过度运用爱的情况有下面的评论。

运用爱的困难之处在于，你想要帮助别人，但你也需要设定界限，以便照顾好自己。这也是我现在努力在做的事情。我有过几次不好的经历，那时别人在利用我。我有时会想起绘本《爱心树》，书中的树非常爱男孩，以至于它愿意让男孩把它砍掉。我有时很困惑，这本书到底是给我们上了关于爱有多伟大的一课，还是关于爱有多危险的一课。不过，现在在大多数情况下，我已经能够判断别人是否有建立互惠的伙伴关系或进行互动的意愿。

我也认识到，对别人真正的爱，有时候也会让人难以接受。我知道这听起来很奇怪，但有时我的伴侣会认为"这不是真的"，认为我不可能一直那么好。

我正在认识到，要想爱他，有时我必须给他更多的空间，或者有时需要放手，不去讨论事情的所有方面。

爱的最佳运用：
黄金法则

爱座右铭

"我体验到了以给予和接受爱、温暖和关怀为特征的亲密而充满爱意的关系。"

想象一下

想象一下，你在人际关系中表达了大量的爱，这让你感到很充实。你有爱的想法，体验爱的情感，并通过语言和行为来分享爱。你对你爱的人很体贴。你用很多方式向伴侣表达爱，如身体接触、为他服务、说肯定和赞赏的话语，以及赠送礼物。对你的朋友和家人，你通过与他们共度美好时光来表达爱。当你和同事在一起时，你通过支持性的话语、积极的倾听和支持性的行动（如善意的行为）来表达爱。你会在适当的时候对生活中的充满爱的关系表示感谢。你还表现出公平的优势。你不仅分享爱，而且接受和感激别人给予你的爱。你欢迎爱，让爱充满你的生活。

善良

是什么　　为什么　　怎么做

关于善良优势的知识

简单地说，善良就是对别人好。而当你进一步深究时，很多重要的方面开始展现。善良是慷慨大方地对待他人，用你的时间、金钱和才华来支持那些需要帮助的人。善良是富于同情心，这意味着给予真正的陪伴，专心倾听他人的痛苦，或者只是和他们坐在一起，默默地支持他们。这种同情心包含对他人福祉的深切关注。善良也是对他人的鼓励和关怀：乐于为他人做善事，照顾他人。

善良对他人有强大的影响力。研究表明，如果你看到别人以利他和善良的方式行事，那么你很可能也会去做善良和利他的事。最纯粹的善良发生在真正的利他主义出现时，当你的善意没有任何隐藏的目的或期待利益回报时——当你这样做只是为了帮助别人的时候。

尽管善良和爱有区别，但它们经常一起出现。人们如果在一方面程度高，则在另一方面程度也高，这并不罕见。善良和爱的区别在于，爱的品格优势更多与亲密关系有关，而善良的范围则更广泛，它包括积极影响你的亲密圈子以外的人。与爱不同的是，善良的目标不一定是获得亲密关系和安全感，而是让他人感受到被关怀。

如果你很善良，那么你很清楚，善良是以他人为导向的，你认为人有关心他人福祉的责任，而善良这种优势与你的这种伦理观相一致。你对他人的需求特别敏感，而当别人的需求变得明显时，你愿意迅速采取行动。在许多情况下，你的行动是本能的、自发的，因为你把对方放在第一位，想办法伸出援手。当你的善良处在最佳状态时，你给别人和自己都带来善意。

为什么善良是可贵的

- 无论付出多少，给予他人的人往往会因此而更加快乐。

- 一贯乐善好施的人往往比不那么慷慨的人更健康、更长寿。

- 善良的人通常会受到他人的喜爱，这为发展出有意义的关系和爱提供机会。

- 向内的善意（自我关怀）有助于提高自尊，减少焦虑和抑郁，提高生活满意度。

- 随机的善意行为与一系列好处有关，包括更多的积极情绪、更少的消极情绪、更大的幸福感和更高的同伴接受度（受欢迎程度）。

怎样激发善良

反思

- 观察一下，不同的人在不同的情况下，会用什么方式表达善意和同情？

- 你的善良的行为是如何被他人接受的？

- 你是否发现你个人表现善良的风格集中在某些方面（慷慨、情感关怀、待人不错或能同情别人）？

- 在什么情况下，你觉得比较容易表现善良？

- 在什么情况下，你觉得很难表现善良？
- 哪些品格优势最能支持你表现善良？

发现优势

来认识一下谢丽尔，一位48岁的企业主管。

善良是我的本性，所以我从来不用去想它。这只是我对这个世界的自然反应。我觉得以前父母对我有不小的误解，要让他们认可我是很难的。所以对我来说，认可别人真实的样子是件很重要的事。小时候，大概10岁左右，我有个邻居，她是个特殊教育者。不知道为什么，她总把我护在羽翼下。出于某种原因，她看到了我的某些特质，并带我去和她一起工作。她的工作是和孩子们在一起的，这引导了我后来自愿在残疾儿童营地工作。我会坐在痛苦不堪的孩子们身边，用非语言的方式来突破隔膜，这是很多志愿者很难做到的。

只要有机会，我都试着去善待别人。当别人做的一些事情对你有积极影响时，你为什么不告诉他们？我认为善意可以让生活的车轮滚动得更顺畅一些。每天，我告诉人们他们的微笑很美好，这改变了我们之间互动的基调。我会说"你做的是一件非常勇敢的事情"，我觉得这会对这个世界产生积极的影响。

有件事能使人更了解我。这是很多年前的事了，当时我才12岁左右。我的一个亲戚和他的恋人在一起很久了，但是后来他因病去世了，死得很痛苦。她陪着他度过了这一切。葬礼上，她坐在我前排，一直陪着他。我向前俯身说："我知道他为什么这么爱你了。"她开始哭了起来。这么做对我来说有点冒险，但我当时觉得更重要的是要试着去认同她当时的感受。

行动起来

在人际关系中

- 思考你如何在关系中做到慷慨。请记住，慷慨可以是关于金钱的，但不一定非得如此。你也可以慷慨地给出你的时间和才能。

- 问问你亲近的人，你怎样向他们表达善意，他们会高兴？

- 给予与你关系密切的人一个惊喜，提供一个随机的善行。例如，计划一次周末旅行，做一顿晚餐，或者帮助他们完成部分日常工作或家务。

在工作中

- 当你通过做一个好的倾听者、帮助他人或仅仅做一些好事来表达对他人的同情时，你就在表达善良。在工作中，通过做一些你知道会对同事或客户有帮助的事情来表达善良。主动帮忙，让他们的工作更轻松一点。

- 当你在咖啡店喝咖啡时，也为你的一位同事购买一杯。每次给不同的同事买多余的这杯咖啡。如果有同事对你不友好，可以考虑将他们纳入轮换范围。

在社区中

- 以匿名的方式在你的社区中提供一个或多个随机的善行，如为某人的停车计费器付费，清理公园的一个区域或社区里的池塘周围。

- 向邻居提供考虑周到的善行，如帮助有需要的邻居修剪草坪、清理他们车道上的积雪、帮他们买菜或照顾宠物。

在内心深处

- 修习指向自我的善良，俗称自我关怀。你应该体贴自己的痛苦，管理好自我批评。你可以对自己坦诚相待，同时保持善良和理解的态度。这意味着放下完美主义，给自己一个休息的机会，让自己犯一些并不严重的错误。

- 记下你的善行。研究表明，每天或每周计数你的善行是有益的。这有助于产生对优势的觉知，以及产生新的想法和行为。

找到平衡

善良运用不足

善良运用不足的情况一般是显而易见的：有些人吝啬付出自己的资源，有些人对正在受苦的人缺乏同情、漠不关心，有些人在交往中很刻薄。稍微不那么明显的情况是，想象一下，自己因为忙碌或高压力焦头烂额，完全忽略了贫困的、被生活压倒的或试图呼救的人。善良的敌人是冷漠。然而，有人不主动去体贴人，也不总是对善良运用不足。没有人可以总是专注于对他人的善意；如果你这样做了，你可能最终会感到相当疲惫。

与自己感觉在一起最舒服的人（如配偶或家人）相比，有些人对不熟的人更友善，好像他们想要给人留下个好印象。孩子对父母不如对其他人的善意多，这种情况也很常见。与之相反的情况也会出现，当人们对陌生人不友善时，往往那些陌生人是在种族、宗教、国籍、性取向、教育程度等方面与自己不同的人。

每个人都容易出现善良运用不足的情况。对每个人来说，重要的是要确定自己在哪些情况下特别善良，以及在哪些情况下需要加强善良。

善良运用过度

善良运用过度的最明显的情况是，对他人付出太多，以至于留给自己的情感所剩无几。这个人最终可能感觉自己像个殉道者。毫无疑问，他们认为自己是善良的，但这种付出到自己所剩无几的情况，往往表明这个人有着情感方面的问题，需要用诚实和洞察力来解决。付出太多，会降低未来需要时的善良能力。

一个人也可以付出太多，以至于显得有侵扰性。例如，你一直在给别人的一个暂时的问题提供支持，而当问题解决，他们不再需要支持时，如果你没有"收到信息"而仍然继续，他们可能感到被打扰了。有时，去告诉一个主动提供帮助或慷慨提供食物和金钱的善良人停止给予，可能很尴尬。

有些人特别善于向周围的人提供善行，如帮个小忙、赞美别人和送礼，但正如使用爱的品格优势可能遇到的一样，他们发现很难得到任何回报。在其他情况下，反复提供善行的人可能希望得到一些小的回报，但由于对方没有以善意回应，提供善行的人可能觉得自己被利用或不被重视。

这些例子可能导致另一种类型的善良运用过度，即"同情心疲劳"。这在医疗保健等帮助行业的从业者中尤为常见。发生这种情况的原因是，付出得太多，超出了自己的极限，以至于当事人会感到自己疲惫不堪或倦怠。

33岁的克洛伊是一位医生，他对自己过度运用善良有这样的评论。

我总想对别人善良，而这可能意味着一不小心就会失去自我。例如，我姐姐很有主见，在成长过程中，她和我父母之间有很多矛盾。

我为他们难过，尤其是我父母，所以我从来不想成为他们的负担。我记得因为父亲的工作调动，我们不得不搬家的时候，我姐姐大发雷霆。我父亲开始为此哭泣，我记得我对他说："我会没事的。"而现实是，我不得不离开好朋友，我不知道我是否会没事。但我不能再给他增加负担了。我当时成了家里每个人的支持者——尽我所能去体谅他们，而没有顾及自己的需要。最后事情解决了，而多年后我才向父母承认，搬家时我真的很伤心。而这对我来说一直是一个反复出现的模式，特别在亲密关系中。

有时候，我身在事中，忘记了自己。我对别人过度投入，尤其在工作中，而最后对自己不利。在那些情况下，我感觉不舒服。看来我总是很容易受到伤害。

善良的最佳运用：黄金法则

善良座右铭

"我乐于助人，富有同情心，经常为别人做好事，不求回报。"

想象一下

想象一下，你正和一个遭受严重痛苦的人在一起。这种痛苦有一部分是他自身的错造成的。你知道他需要你，于是决定抽出时间帮助他。你给他带去你做的菜，和他一起吃饭。你坐下来听他说话，提供一个温暖和信任的存在。你支持他的感受，看到他真正的痛苦并认可它。你让他知道你是否也曾遇到过类似的情况，并告诉他最终一切都会变得好起来。你也向他提供了一些建议，但你做得最多的是专注于倾听与共情。他表达了对你的感激之情，你看到这种感激之情并接受它。你思考在未来一周内你可以提供的多种支持，同时也考虑到你自己的家庭和工作义务，以及自我关怀。你继续支持他，但不过度。之后当情况好转时，你和他一起庆祝。

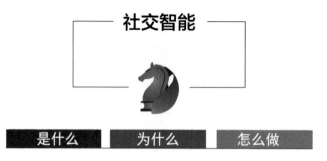

社交智能

是什么　为什么　怎么做

关于社交智能优势的知识

当一个人知道别人行为的原因，他就在展现社交智能。他知道自己和他人的动机和感受，以及如何适应不同的社会环境。无论是在会议室还是在传达室，是在学校还是在建筑工地，他都觉得自在，并说出恰当的话。

社交智能不仅包括意识到情感，而且包括适当地表达情感（或在某些场合下特意不去表达）。这种意识和社交能力可以帮助你建立与他人的关系。社交智能能帮助人们很好地"读懂"他人和情境，迅速"摸清"社交中的微妙之处和那些没有说出来的东西。同理心，即感受他人感受的能力，是良好社交智能的重要组成部分。

如果你的社交智能很高，你就会习惯于注意别人的语言和非语言层面的交流。你不仅注意别人说了什么，还注意别人是怎么说的。他们脸上的表情是愤怒、悲伤、快乐还是恐惧？他们说话时是看着别处，还是跟人有很好的眼神交流？他们的语气是有力而直接的，是轻柔而温和的，还是在强度上起起伏伏的？你还问自己："在那次谈话中，有什么话没有说出来？这个人是否遗漏了其观点中的一个重要部分？他们是显得心不在焉、不感兴趣，还是全身心地投入谈话中？"

当社交智能处于最佳状态时，你会跟随自己和你所在环境中人们的感受，并在这种情况下做出适当而平稳的反应。你很灵活，可以根据需要转变你的反应和交往风格。

为什么社交智能是可贵的

- 无论是在社交还是在商业场合，社交智能和情商都有助于你与他人进行成功的谈判。
- 社交智能有助于你在各种社交场合中感到轻松自在，为认识新朋友和参与新体验创造机会。
- 拥有识别自己和他人感受的能力，与更好的身心健康、工作表现和社会关系有关。
- 识别和回应他人情绪、气质、动机和意图的能力，有助于建立信任和确立关系。

怎样激发社交智能

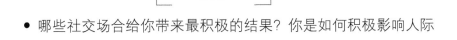

反思

- 哪些社交场合给你带来最积极的结果？你是如何积极影响人际交往中的互动的？
- 什么时候复盘你对情境的"解读"对你有帮助？你是如何进行复盘的？
- 在什么情况下，直接表达情绪是最有效的？在什么情况下，最好对你所观察到的别人的情绪保持沉默？
- 还有哪些品格优势能帮助你提高社交智能？

---| 发现优势 |---

来认识一下珍妮佛，一位43岁的执业心理医生。

我一直都很善于与人相处，我知道他们的需求和感受。这点也许来自我的父亲，因为他是一个非常好的"有好人缘的人"。他可以在任何时候与任何人进行交谈，似乎总能让人们在与他交谈时感到轻松。

我也是这样的。有时我也会温柔地询问以确认别人的感受，这能让他们更加敞开心扉。多年来，我一直是一个很好的倾听者。现在，我甚至特意去培养这点。我非常仔细地观察人们的面孔和他们的肢体语言，并试图弄清他们正在干什么。在我的办公室里，我因为经常向人询问"你还好吗"而闻名，而很多时候，事实证明，他们确实正在努力解决一些困境。

当我和朋友们在一起的时候也是这样。我试着了解每个人的情况。如果我认为有一个人并没有完全参与或享受，我会想方设法去帮助那个人参与进来。很多时候，在派对上，我都在角落里和一个离群的人聊天。

---| 行动起来 |---

在人际关系中

- 当出现争论时，如果你发现这种情况之前就发生过，请试着至少从对方的评论和意见中找到一个积极的因素。
- 问问你身边的人，他们最欣赏的你与他们互动的方式是什么。也问一下，什么做法是他们最希望你改变的。
- 当你有一个决定性的论点会赢得讨论，却可能伤害别人的感情时，抑制住它。

在工作中

- 如果你的同事看起来很不开心，压力很大，或者在生活中遇到了困难，试着与他们共情。温柔地问一些问题，并确认他们是否愿意与你分享。一定要花更多的时间倾听，而不是说话，并在合适的时候提供情感支持。

- 开始与一个除寒暄外，你一般不会和他说更多话的人聊天。这个人可能是办公室文员、清洁工、角落隔间里的员工或新员工。询问他们的情况，什么对他们来说比较重要，或者他们的一天或一周过得如何。当他们看起来有压力时表示关心，或者当他们分享积极的情绪或故事时表示祝贺。

- 用健康、直接的方式表达沮丧、失望或紧张的感觉，让工作单位的人能够理解并从中成长。

在社区中

- 在参加一次令你不太自在的社区活动时，做一个主动的观察者，并用不带任何评判的方式向大家反馈意见。

- 在社区活动中或只是在公园散步时，注意到那些看起来很孤独、不快乐、被排斥或被抛弃的人。利用你的社交智能去接近他们并开始交流。

在内心深处

- 评估在复杂情况下，你的一种或多种情绪。考虑与他人分享这些情绪对自己的好处。

找到平衡

社交智能运用不足

社交智能的运用不足，可能表现为幼稚、粗心、轻率，或者对情感不敏感。在某些情况下，这个人是天真地没有意识到周围社会的复杂性，或者只是对理解社会复杂性缺乏经验。在其他情况下，则可能因为疲惫、无聊、抗拒、不感兴趣或过度自我投入。社交智能这种品格优势的本质是情绪技能，如能够识别悲伤、焦虑、愤怒或羞耻的不同表现方式，体验每种情绪的触发方式，明白如何以平衡的方式表达它们，以及理解与每种情绪相关的思想和行为。许多人在这方面感到有困难。

社交场合的范围极其广泛，人们总会发现他们在某些情况下比在其他情况下更舒适自如。

社交智能运用过度

如果太注意别人的动机，你可能发现自己变得过于谨慎或压抑。你可能过度分析情况，花太多时间去考虑该情况下其他人的想法和感受，以至于错过自己的机会。这可以理解为你太敏感或想得太多。这种品格优势被过度运用的另一个后果，在那些共情强烈的人身上展示出来。这些人过于专注于他人的痛苦和折磨，这可能导致抑郁症，或感到疲惫不堪或倦怠。

22岁的马克是一个体育部门的助理教练，他对自己过度运用社交智能有如下见解。

有时候，我太投入于别人的感受了。别人不开心，我也就不开心，而且觉得我必须和他们一起探讨。我以前有时候会逼着别人跟我分享，而现在我已经知道这不是一件好事。能够了解别人的感受是件好事，但也有几次，我意识到人们只是想一个人面对棘手的事情。我必须学会说"我只是想让你知道，我很乐意和你谈谈"，然后继续做别的事。

另外，我往往会注意到人们语气的变化，或者轻微的肢体语言。我会马上想要尝试找出它的意思。有时，这对了解别人的感受很有帮助，但其他时候，它让我发疯，因为我无法弄清楚它，只是浪费时间去想它。

社交智能的最佳运用：黄金法则

社交智能座右铭

"我能意识到并理解自己的感受和想法，以及周围人的感受。"

想象一下

想象一下，你被邀请参加一个聚会，除了主人，你谁也不认识。当走进门时，你调整好自己的感觉，友善而乐于交际，准备好尝试与他人交流。你知道，你的热情和幽默对社交智能的运用也很重要。不过此刻，你最需要的优势是勇敢。你和你见到的每个人进行眼神交流，微笑，点头。你问别人主人在哪里，以便去表达感谢。

当礼貌地拿了点饮料和点心后，你退后一步，运用洞察力优势观察整个房间。你能看出气氛是随意的而不是严肃的，是更偏玩乐的而不是亲密的。你还可以感受到一种善意的氛围。你觉得自己已经做好了跟别人互动的准备。你和三四个不同的人开始对话。你的分享融合了轻松的幽默、专业的评判和有趣的生活观察。你能很好地倾听。聚会结束后，你留意自己"读懂"情境和人的方式，找出那些看起来很顺利的对话和那些相对比较困难的对话，试着确定为什么互动中会发生这种情况。

美德：公正

团队合作　　　　公平　　　　领导力

处理社区或团体人际关系的优势

与你和他人互动的方式尤其相关的第二种美德就是公正。前文提到的仁慈这一美德与我们和他人的个人关系有关。仁慈类优势往往来自我们对他人的吸引力和感受。尽管它们经常引起对对方的感受、需求和欲望的深入反思，但它们的起源却更加感性。

人际关系并不总是一对一的。我们也存在于群体中，公正类优势与群体中人们的竞争目标和意图有关。仁慈是关于"我"和"你"的，公正是关于"我"和"你们所有人"的。

有时，仁慈类优势和公正类优势可能发生冲突。例如，我们可能知道，一个群体中的某位成员比其他成员更想得到某种奖励，但另一个成员更应该得到它。我们可以对第一个成员表示同情，但同时也认识到，为了让其他成员感到满意，奖励必须给第二个成员。公正往往是多种力量之间的平衡，因此绝对的公正往往难以实现。重视公正的人可能是仁慈的，但也知道群体的利益有时必须优先于仁慈。与此同时，如果群体一致同意接受这样的做法，那么仁慈有时也应该被优先考虑。

公正类优势在一些情况下尤其重要，这有助于创建一个更健康的群体或社区。公正类优势包括团队合作、公平和领导力。

团队合作

| 是什么 | 为什么 | 怎么做 |

关于团队合作优势的知识

团队合作意味着你是团队的一员，你要致力于为团队的成功做出贡献。这个团队可以是一个工作团队或一个运动团队，也可以指你的家庭成员、婚姻伴侣，甚至一起做项目的朋友。团队合作还包括成为你所在社区或国家的好公民，甚至可以更广泛地延伸到对特定群体甚至全人类的社会责任感。换句话说，团队合作能力强的人，无论在什么情况下，只要他们认为自己致力于整个团队的利益，就会采取某种特定的行动方式。然而，通常情况下，这种优势是指你是一个敬业的、可靠的、对你的小团体或团队有贡献的成员。

团队合作能力强的人有一种认同感和责任感，这种认同感和责任感超越了他们的家人、朋友、同事和邻居等。

团队合作的一个重要特点是为团队的利益而努力，而非个人利益。你是一个值得信赖的成员，尽自己的职责，这样做会给你一种强烈的满足感。但是，健康的团队合作不是盲目地服从团队，它包括为整体的利益而进行明智的判断。

当团队合作处于最佳状态时，你会在团队中茁壮成长（而不是独自成长），并为团队或社区的进步而奋斗。你会觉得自己和其他人联系在一起，并且相信如果每个人都有所贡献，团队会更成功。

为什么团队合作是可贵的

- 团队合作能力强的人会获得更多的信任，对他人的看法也更积极。

- 团队合作培养了人与人之间的联结，并通过共同的目的增强了联结的意义。

- 团队合作有助于让人对工作更投入，与他人建立高质量的联系，并创造性地参与到团队过程中。

- 通过品格优势，我们可以确定七个团队角色，包括创意创造者、信息收集者、决策者、实施者、影响者、关系管理者和激励者。每个人所扮演的角色与他自身的匹配程度都不同，而更高的生活满意度与一个人在何种程度上扮演最适合他的角色有关。

- 团队合作是与可持续性行为最相关的优势之一，可持续性行为被认为是旨在保护社会环境和实体环境的行为。

怎样激发团队合作

反思

- 作为团队的一员，你最满意的是什么？

- 作为团队的一员，对你来说最具挑战性的是什么？

- 在什么情况下你更喜欢独自工作而不是在团队中工作？

- 当在团队中工作时，你是如何实现认可和赞赏的需求的？

- 团队合作如何延伸到你的个人生活中，如亲子、伴侣、友谊？

发现优势

来认识一下51岁的企业高管安吉拉。

在我工作的环境中，团队会因特定的项目而定期组织起来。对于任何一个项目，可能大多数参与者都素不相识。他们有不同的工作风格，以及关于如何更好地推进项目的不同想法。领导他们可能是一个真正的挑战，但这也是我能够真正闪光的地方。我发现这个挑战很刺激。我喜欢带领一群以前从未合作过的人，并帮助他们成为一个团队。

这意味着，在时刻关注目标的同时，团队成员还要做到相互支持，并发现一些促进团队建立和了解其他成员的方法。我知道，当每个人离开的时候都感觉自己做出了贡献，受到了重视，这是一次很好的经历。

作为一个个体，团队建设能力是我最重要的能力之一，我知道别人肯定很看重我这一点，这对我的职业生涯也很有帮助。认识我的人听到我要和他们一起工作时都很高兴。我不想成为放慢节奏、挑起事端，或者试图抢风头的人。我对团队中每个人的成功都很感兴趣。

行动起来

在人际关系中

- 反思一下你和亲密伙伴如何成为一个"团队"，共同解决问题。用这种观点来迎接下一个挑战。

- 回顾过去的一段关系，思考你曾经利用伙伴关系为这段关系带来好处的一件事。考虑一下你能从这次经历中学到什么，以备将来使用。

- 下次当你身边的人说他们遇到问题的时候，询问他们是否可以与你组成团队一起解决这个问题，进行头脑风暴，讨论这个问题，并以某种方式一起采取行动。

在工作中

- 当你享受与他人分担责任和与他人一起工作时，你就在锻炼团队合作优势。在下一次团队会议或工作项目中展现你的团队精神，通过向小组贡献你的想法和主意来帮助团队完成项目或达成目标。也要让别人表达想法。

- 检查团队在工作中面临的任务。对那些被忽视的或团队成员正在努力解决的问题提供帮助。

- 赞赏团队中其他人的品格优势，例如："雅各布，你与新客户的联系速度真让我印象深刻。那有助于我们公司盈利。你运用良好的社交智能与他们共情，并表示你理解他们的担忧。然后，你表现出很强的毅力，和他们周旋了几个星期，最终让他们签了合同。"

- 回想一下过去积极的团队互动，在并在团队会议上分享这个过程。

在社区中

- 每周在你的城镇做一次社区服务项目的志愿者。

- 参与服务学习计划（与他人一起为社会服务），为更大的社区带来积极的成果。

在内心深处

- 说出一个人生挑战。树立一种心态，认为自己是自己面对挑战时的最佳伙伴，想出新点子，激活你的优势。用日记在与自己的对话中探索这个问题。

找到平衡

团队合作运用不足

在一个项目中"单干"就是团队合作运用不足的例子。有时出现这种情况是因为你认为自己完成任务或项目更容易、更直接。"合作"这个词的中心是"劳动"，它提醒人们一起工作确实需要付出一些努力。团队合作运用不足的一个更糟糕的情况是，一个成员坐着不动，让其他人来做大部分工作。这种选择可能出于懒惰、缺乏自信或技能，或者不确定如何与更自信的团队成员打交道。在这些情况下，团队合作运用不足在其他人看来表现为自私、过于独立，或者过于关注个人目标而不是团队目标。

团队合作运用过度

在特定情况下，团队合作运用过度会导致人们依赖他人来完成工作。这可能表现为个性的丧失，并且团队成员不愿意挑战团队中的其他成员。如果过于强调团队合作，你可能忽视个体贡献的价值，团队还会成为集体思维的牺牲品——因为某些决定最受欢迎，就认为它们是最好的。一个好的团队成员应该准备好挑战其他团队成员。

81岁的伊夫林是一名退休经理，她分享了对团队合作运用过度的看法。

我有时会想，如果我更自力更生，或者更独立一点，我是否会更成功。我见过那些把别人的功劳占为己有，或者剽窃别人的想法而变得成功的人，而最终的感觉都并不那么好。但我可能自己完成一些项目的一部分，然后与团队分享。

确实，有时候我会非常依赖团队。我会检查自己所做的每件事，以至于我不仅会惹恼某些人，而且最终效率也会下降。当想到这一点的时候，我不仅感到烦恼，而且觉得如果没有别人的帮助，我就无法继续工作。有时对团队的依赖会以另一种方式表现出来。当同事们在没有咨询我的情况下就开始他们那部分的项目时，我感到很生气。

团队合作的最佳运用：
黄金法则

团队合作座右铭

"我是一个乐于助人、能够为团队和其他成员做出贡献的人，并且我觉得有责任帮助团队实现目标。"

想象一下

假设你加入了一个强大的、互动良好的、敬业的团队。工作分配公平，大家情绪高涨，团队成员，包括你，想要在一起并互相帮助。你在团队成员的互动中注意到了什么？你对此有何贡献？

请注意你对其他成员的信心和信任。注意你对每个人的赞赏。一定要和其他成员分享这种赞赏。

你在自己和他人身上观察到的不同团队成员的品格优势是什么？你如何看待领导力、公平、诚实和善良的表现？

公平

| 是什么 | 为什么 | 怎么做 |

关于公平优势的知识

你公平地对待他人，不让个人情感偏见影响你对他人的看法。你想给每个人一个公平的机会，并且相信每个人都应该有公平的机会，尽管你也意识到对一个人公平的事情可能对另一个人不公平。遗憾的是，判断要做的事情是否公平并不总是那么容易，因此，作为一种个人优势，公平需要有能力清楚地反思道德上的对与错。公平包括一个人判断某件事是否公平所采用的道德规则及他的判断是否公平。

公平往往涉及两种类型的推理。"正义推理"往往强调对客观是非的逻辑分析。而在决定怎样才算公平时，至少部分基于同理心和参考他人的观点，此时的"关怀推理"则更具情绪色彩。

公平还包括相信每个人的意见都很重要，不管他们的意见是否相同。妥协、同情和对社会正义的敏感是公平品格优势的要素，因为它关系到理解他人和与他人建立联系。当公平优势处于最佳状态时，你会用公平来积极地工作，以建立平等和尊重所有人的关系。

为什么公平是可贵的

- 公平的人更可能从事有利的、亲社会的行为，而不太可能从事非法和不道德的行为。他们倾向于关注自己的行为是否会对他人产生直接的负面影响。

- 能够从他人的角度看待问题会增加公平性。对是非问题进行逻辑反思的能力有时不那么重要，但有时也很重要。

- 对道德和正义问题的敏感会增加自我反省和自我认识。拥有一个良好的道德指南针能让你更有效地驾驭冲突的局面。

怎样激发公平

反思

- 在工作中、在家里、在社区中，你是如何表现公平优势的？

- 在什么情况下，你比较容易或比较难做出妥协来为每个人争取一个公平的结果？

- 在什么情况下，你会收到不公平的反馈？你是如何处理这种情况的？

- 当觉察到别人受到不公平对待时，你的情绪是怎样的？这种情绪对你保持公平的能力有什么影响？

- 你如何在"生活不公平"这一现实中调和公平感？

发现优势

来认识一下35岁的办公室主任丽莎。

我从来没有意识到公平对我有多重要，直到我的同事在团队建设中参与了VIA的优势调查。和我一起工作的人必须从我的优点中选出最能描述我的一个，他们的第一选择就是公平。

我不得不说，这让我感到骄傲。让我手下的每个人都知道我会平等对待他们，这对我来说非常重要，我很高兴他们能意识到这一点。

我看到很多上司压榨他们的员工，或者对员工的期望超过对自己的期望，或者偏袒某些人。我并不认为那是对的。我真的努力让每个员工都觉得我会根据他们的工作来评价他们，而如果他们认为我没有做到的话，也会很自然地就该问题与我讨论，我欣然接受来自员工的建议和意见。事情本来就该这样。

行动起来

在人际关系中

- 想办法对朋友和家人更公平一些，如考虑一下你和每个人在一起的高质量时间，然后做出相应的调整。

- 在谈话中加入一个通常被小组排除在外的人或一个新人。

- 鼓励他人进一步发掘对来自不同背景的人的看法和预期。

- 当处理一个问题时，接受不同的观点。

在工作中

- 采取措施使你的工作场所更加包容，能够鼓励或支持他人。你可以把更多的注意力放在害羞或内向的人身上，或者给残疾人提供更多工作机会，或者张贴标语或海报来强调"每个员工都很重要"的理念。

- 让人们参与能够影响他们的决策，并允许他们不同意你的想法和假设。接受他们的想法，以其他方式来实现这个决策。

在社区中

- 在为弱势群体提供公平竞争环境的组织中任职或提供咨询。

- 给媒体写信，就社会公平的重要问题发表意见。

- 努力确保你所在的社区处理投诉和问题的政策与程序对所有人都是公平的。

在内心深处

- 通过对比你花在自我健康和自我照顾上的时间和花在帮助他人上的时间，公平地对待自己。在对你和他人都公平的基础上采取行动。

找到平衡

公平运用不足

在特定情况下，公平运用不足会导致你在做决定时偏袒某些人。虽然让自己置身事外有助于努力做到公平，如在情感上以一种温和的方式使自己置身事外，确保你在面对其他孩子与自己的孩子时不偏爱自己的孩子，但中度甚至有些严重的置身事外常被认为是漠视他人需求。

在某些情况下，公平运用不足可能仅仅是一种疏忽，或者倾向于在一种情况下（如对你的家人）强烈地表达公平，而在另一种情况下（如在工作中）却淡化了公平。在工作场所和其他环境中，员工可能抱怨不公平的政策或程序，并逐渐接受这里的情况。但在家庭中，不公平的感觉尤其令人不安。孩子们（无论是未成年人还是成年人）都会有这样的经历：他们会觉得自己的父母偏爱某个兄弟姐妹，或者觉得自己受到了不公平的对待。就上司或老师对待他人的方式而言，员工和学生如何看待自己的上司或老师对待自己的方式也是类似的情况。

有时候，当你因为别人以前也对你做过同样的事而对别人不公时，公平可能因为报复而受到抑制。在这种情况下，重要的是至少要考虑这样一种可能性：即使受到不公平待遇，也要公平对待别人，这样才能为所有人创造一个更美好、更公平的世界。

公平运用过度

公平运用过度表现为试图让家庭或工作团队中的每个人都非常快乐。努力实现这种不可能的事会导致压力和紧张。人们可能变得过分执着，家长试图平等对待每个孩子，或者老师试图确保没有学生享受特殊待遇。现实情况是，不同的人有不同的需求和愿望，对于什么是公平也有不同的信念，这就使得在某种情况下找到一个平衡每个人立场的解决方案变得不可能。有时候，你能做的就是尽量公平，尽量让你的方法和潜在的结果公平。

有些人也可能专注于针对某些群体的不公正行为，或者投身于更大群体的目标。监督自己对自己的公平很重要，确保你不会为了别人的利益而过度使用你的个人资源。如果付出太多，你为他人争取公平的能力和意愿就会打折扣。

55岁的人力资源经理艾弗里分享了一个关于公平运用过度的故事。

有时候就是没有公平的选择。几年前，我的公司不得不裁员，作为主管，我必须决定谁离开。我不可能做出公平的决定。我尝试了所有可能的公平方法。我们部门的每个人都尽职尽责。我开始考虑我是否应该基于个人需求来做这件事，如谁有更多的孩子，谁是单身父母。当没有绝对正确的选择时，你如何做出相对正确的选择？我真的为这件事失眠了。我吃不下东西，真的很不开心。我的身体出现了状况，甚至因为迟迟不做决定而差点丢了工作。最后，我做出了我所能做到的最好的选择，但我知道有些被我解雇的人认为我不公平或偏心。他们对我的不理解真让我伤心。

公平的最佳运用：黄金法则

公平座右铭

"我平等、公平地对待每个人，通过对每个人实行同样的规则，给每个人同样的机会。"

想象一下

想象一下，公平的最佳运用是在考虑每个人的个性和每个决策环境独特性的同时，试图平等地对待每个人。你努力给每个人一个公平的机会，制定对每个人都适用的一般规则。看看你自己在工作和家庭中是否遵守公平原则，并尽你所能考虑你的每个决定是否公平地影响他人。留意表达公平的机会。考虑一下，如果你的同事（或家人）开始抱怨事情不公平，你会怎么做？你将如何回应？你会运用什么样的品格优势来（公平地）回应他们的抱怨？你的团队合作、诚实或领导力优势如何帮助你进行正义推理？在这种情况下，你的宽恕、爱和善良优势如何帮助你进行关怀推理？

领导力

是什么　　为什么　　怎么做

关于领导力优势的知识

领导力可以表现为许多形式。领导力是一种品格优势，指的是在团队内部保持良好关系的同时，组织和鼓励一个团队完成任务的能力。就像团队工作一样，领导需要致力于团队的目标，但是这种努力如何表现出来则是非常不同的。领导力包括设定目标并实现它们，寻求有效的帮助，建立联盟，以及抚慰被激怒的人。高效的领导者能够提供积极的愿景或信息，激励那些有奉献精神的追随者，让他们感到有力量甚至受到鼓舞。

最好的领导者有自知之明。他们会发现自己最大的品格优势，以及如何利用这些优势来激发别人的长处。VIA优势调查的领导力并不局限于所谓的"大"领导力，这种领导力通常表现在公司总裁、政治家和其他有影响力的人身上。"小"领导力是日常的领导，有时是非正式的，涉及指导和带领任何类型的团队。

作为一个有领导力的人，你能够建立良好的团队关系，并欣赏团队、学校、家庭和公司成员的品格优势，并且对他们的品格优势赋权。你擅长组织和计划小组活动，同时帮助每个人感到自己在参与小组活动，并且在小组活动中很重要。当你处于领导力的最佳状态时，你会表现出良好的社会意识，以及针对不同的人的不同品格发挥高度的个人能动性。有时，这可能意味着你对其他人的观察和委任，有时要鼓舞人心，有时要给予支持。

为什么领导力是可贵的

- 在社会上，领导者会受到别人的尊重和重视，他们也会从别人的尊重和重视中得到好处。
- 领导力与稳定的情绪、良好的社交智能和责任心有关。
- 领导者能够有效地组织团队并实现团队目标。
- 好的领导者能找到最好的人。领导力可以让你发挥和表现出一些关键的品格优势，特别是热情、社交智能、好奇心、创造力、审慎、诚实和自我规范。

怎样激发领导力

反思

- 你会怎样表现领导才能呢？
- 当领导别人时，你感觉如何？
- 作为一个领导者，你的效率和你对这个角色的享受程度有哪些不太匹配？你怎样才能达成更好的匹配？
- 你的领导倾向是如何变得有问题的？
- 你在领导方面最大的成功和挑战是什么？
- 哪些品格优势是使人们成功地朝着共同的目标一起工作的关键因素？
- 你如何决定什么时候领导别人，什么时候被别人领导？
- 人们如何回应你的领导？

- 在领导的时候，你是如何完成领导者的两大关键任务——达成目标和帮助人们相处的呢？

发现优势

来认识一下62岁的社区组织者罗西塔。

当我还是个孩子的时候，在学校我们必须做小组项目，我总是发现自己比别人说得更多。其他人可能偷懒或什么都不说，但我会说："好吧，我们该怎么做呢？谁来做什么？"我不知道为什么会这样，但我认为这对我从一所非常小的学校考入著名高中很有帮助。几乎所有的孩子都是一样的，但是我们都扮演着特定的角色。在某种程度上，组织事情似乎成了我的工作。我还认为我很擅长：人们听从我，似乎没有人讨厌我做这些事。

当我辞去工作成为全职母亲时，我仍然遵循同样的模式。家长们对孩子学校里发生的一些事情感到不满，所以我开始参加学校董事会，提高我的声音，问问题。一年后，我被邀请参加联合校董事会的竞选，五年后，我成为联合校董事会的主席。我只是觉得领导很舒服，其他人似乎也觉得被我领导很舒服。当我主持一个会议，让每个人都参与进来，推动议程的时候，我感觉自己在流畅地进行，而且是以一种让每个人都感到被倾听的方式进行的。

行动起来

在人际关系中

- 组织一次家庭活动，把平时不怎么交流的人聚在一起。
- 考虑一下整理房屋或装修需要做些什么。协商并把一项任务委托给你的家人，同时自己也要带头完成一项任务。努力使这项任务匹配最适合这项工作的人。

在工作中

- 为你的同事组织一次社交活动，可能是某人的生日派对、某个周年纪念日或某次庆功宴。负责安排人员、场地、活动和后勤。

- 领导一项活动、任务或项目，并积极征求小组成员的意见。

- 想一想你身边的模范领导者——过去的和现在的。他们表现出什么行为？他们制定了什么标准？什么样的领导特征是最好模仿的？

- 与向你汇报工作的人讨论一下，他们如何能在工作中更充分地发挥自己最明显的品格优势。

在社区中

- 聚集并领导一群人来支持你所信奉的事业。

- 在社区组织一场活动，让你可以从头到尾管理人员和体验协调者的工作。

- 寻找机会在活动、团体和组织中练习扮演领导角色，不管责任有多小。

在内心深处

- 领导你自己，考虑一个个人的问题、挑战，或者你在行动上的弱点。激活你的领导力来策划一个行动计划。一定要享受一路走来的成就感。

找到平衡

领导力运用不足

如果你被认为是一个领导者（位置型领导），或者你发现自己处于一个应该站出来领导的环境（情境型领导），当你没有把自己的优势带到这个环境中或拒绝承担责任时，就会出现领导力运用不足的情况。

领导力运用不足体现在那些没有个人动机而最终走上领导岗位的人身上，他们没有为这个角色做好准备，或者对这个角色不感兴趣。当人们因为对领导感兴趣而承担起领导角色，却不考虑如何最好地领导时，也可以看出这一点。在这种情况下，考虑他们自己和团队成员的优势可以帮助他们为每个人创造更有回报的结果。因为领导往往需要付出相当程度的努力和持续的精力，所以当需要积极的领导时，处于领导地位的人可能感到力不从心，退缩不前。当领导者放弃关注自己的优势或追随者的优势时，几乎可以肯定，他们没有充分利用自己的领导优势。

领导力运用过度

过多的领导就是控制。这可能给人以专横或刻薄的印象。过度运用领导力可能是一系列不匹配的集合——领导者和下属不匹配，团队成员的优势和他们在团队中的角色不匹配，领导风格和团队文化不匹配，等等。过多的领导会导致团队成员不满、叛逆或奉承，这些都不是家庭、友谊、团队、学校或公司的最佳选择。

42岁的鲍勃是一位小企业主，他对自己过度运用领导力有深刻的见解。

作为一个领导者，我经常与人发生冲突。有时我会变得懒惰，只是告诉人们该做什么，而不是真正去看什么最适合他们。毫无疑问，我有时会给人一种专横的印象。有时我会感到沮丧，对员工大喊大叫，或者我们会陷入一场激烈的辩论。这不是愉快的经历。但当我试图成为一个有同情心和愿意支持的领导者时，矛盾就会减少。我的问题是，我可能因为产品的时间压力而感到紧张，而我的反应是发火和生气。当这种情况发生时，我不会注意别人的想法和感受，也不会注意他们是如何一起工作的。相反，我似乎试图在这个过程中施加更多的控制，希望事情按照我想的方式发展。我认为人们不喜欢这种方法，所以我正在尝试用其他方法来自我管理压力。

领导力的最佳运用：黄金法则

领导力座右铭

"我负责带领团队实现有意义的目标，并确保团队成员之间关系良好。"

想象一下

想象你是一个善于反思、优势为本的领导者。你带领小团队取得了富有成效的结果。你帮助组织过程，解决问题，做贡献和领导他人。你重视团队成员之间的关系，并努力确保每个人都感到参与其中。你对他们的贡献表示赞赏，并愿意发挥他们的品格优势和才能。你会不断感激自己作为领导的角色和团队中每个成员的工作。公平、善良和社交智能是你最亲密的伙伴。注意这些优势是如何在你的领导过程中表现出来的。

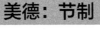

美德：节制

宽恕　　　　　谦逊　　　　　审慎　　　　自我规范

管理习惯和防止放纵的优势

在某些方面，节制是勇气的反面。勇气是指在必要时采取行动做好事，而节制是指防止自己做出不好的或社会不希望看到的行为。两者有非常不同的内部过程。在情感层面上，勇气主要对抗的情绪是焦虑和恐惧，即当你害怕或在行动中看到潜在风险时，做好事也需要勇气。当你表现得节制时，你所对抗的情绪更有可能是愤怒、懒惰或傲慢。这些情绪会驱使你做出伤害他人、团体或社区的行为。

勇敢的人可能被看作一个行动派，而有节制的人在别人看来更可能是保守、沉思，甚至是安静的。就像认为一个人勇敢是因为他没有经历过别人会经历的恐惧是不准确的，认为一个人有节制是因为他比大多数人更害怕而不采取行动也是不准确的。在这两种情况下，行为都是由无法控制的情绪驱动的，而不是由对正确做法的认识驱动的。

节制包含四种优势，每种优势的作用都可以清楚解释。宽恕需要克服因他人对我们的冒犯而产生的愤怒、悲伤或恐惧。谦逊通常与我们想要吸引外界关注的意图有关，并让我们的行为为自己说话。审慎指避免冲动，并等到风险得到有效控制后才采取行动。自我规范指克服懒惰来实现目标。尽管每种优势都与某些类型的行为有关，但这些行为都涉及控制某些类型的情绪。你会注意到，在对节制类优势的描述中，我们有时会讨论有这种优势的人不做什么。正是这种克制或防止过度的品质，成为节制类优势的特征。简单地说，宽恕使我们免于仇恨，谦逊使我们免于傲慢，审慎使我们免于错误的选择，自我规范使我们免于无纪律的生活。

宽恕

| 是什么 | 为什么 | 怎么做 |

关于宽恕优势的知识

宽恕意味着对那些冤枉和伤害过我们的人给予更多理解。它的意思是放手。在很多情况下，这是对部分或所有沮丧、失望、怨恨或其他与攻击相关的痛苦感觉的释放。宽恕，以及那些与仁慈类美德相关的品质，包括接受他人的缺点、缺陷和不完美，并给他们第二次（或第三次）机会。俗话说，让过去的事情过去吧，而不是报复。这是一个向曾让我们产生负面情绪的人释放善意的过程。

宽恕是对仇恨的有力矫正。在很多方面，宽恕是一种能治愈人的品格优势，不仅对被宽恕的人，通常对宽恕的人更是如此。

很重要的一点需要澄清，宽恕并不意味着忘记过去或忘记他人对你造成的伤害。这并不意味着你在宽恕未来的不良行为，或者你认为他人对你所做的事情不应该受到惩罚。

同样重要的是，宽恕并不意味着否认你所感受到的和你所遭受的痛苦。宽恕也不要求和解或修复破裂的关系或信任。宽恕更多的是一种心理反应，而不是一种行为反应，是一种能让你从伤痛中走出来，在困境中体会到善意的反应。虽然宽恕主要是你对犯错者的态度，但它也可能成为你自我治愈的方式。

当处于宽恕的最佳状态时，你会放下对曾经伤害过你的人的怨恨和负面评价。你实事求是地看待形势，准确地评估损失的程度。你看到了冒犯者的挣扎和痛苦，看到了他们的人性，你会同情他们。

为什么宽恕是可贵的

- 道歉促进宽恕。

- 宽恕有助于富有成效地建立人际关系，使团队蓬勃发展，提升工作满意度、个人士气、解决问题的能力、面对变化时的应变意识及生产力。

- 更宽容的人比不那么宽容的人更少经历愤怒、焦虑、沮丧和敌意等负面情绪。

- 宽恕有助于稳定情绪和讨人喜欢。

- 宽恕有益于身心健康，如生活方式健康、精神健康、情感健康和得到社会支持。

怎样激发宽恕

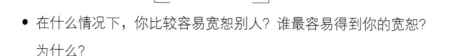

反思

- 在什么情况下，你比较容易宽恕别人？谁最容易得到你的宽恕？为什么？

- 在某些情况下，你会拒绝宽恕吗？

- 你宽恕别人的时候是什么感觉？

- 你如何在宽恕别人的同时又坚持相信人们应该为自己的过错负责呢？

- 宽恕别人的优点是什么？缺点是什么？

- 当你回想过去的情况时，宽恕工作中的某人或家里的某人是否更有挑战性？为什么？

发现优势

来认识一下68岁的安吉洛，一名退休的维修工人。

我最核心的信念之一就是宽恕非常重要。它的可贵之处不仅仅在于我认为这样做是正确的，还在于它已经成为当我受到委屈时处理问题的一种方式。有一次，我和朋友被抢劫了。我们很幸运，有一个警察路过，他抓住了抢劫我们的家伙。我的朋友度过了一段艰难的时光来克服这件事带来的不良影响。一年后，他仍然对整件事感到非常沮丧，对抢劫犯的抢劫和威吓感到愤怒。但我认为这是我练习宽恕的机会。我想可能他真的需要钱，又没有其他选择，但即使不是这样，我依然选择宽恕他。当我意识到这一点时，我发现我对这件事不再生气或难过。我不再想这件事。我可以继续前进。

行动起来

在人际关系中

- 当你允许自己克服别人伤害你或让你失望时产生的消极情绪，并继续创造积极的经历时，宽恕就产生了。犯错了宁可和家人或朋友好好沟通，也不要切断沟通或感情纽带。考虑一下如何与你生命中重要的人沟通，以此作为通往宽恕的途径。

- 把你怨恨的人列出来。选择一个人，要么和他当面讨论你的怨恨，要么想象一个对话，让你练习原谅和释怀。

- 凡事都有两面，写一些负面事件给个人带来的好处可以建立宽恕。当有人轻微地冒犯你后，写下由此得到的个人好处。

在工作中

- 想一下最近冒犯你的老板、下属或同事说的话或做的事。反思他们的观点——不管你同意与否——练习放下怨恨。

- 如果有人在工作中冒犯了你，花点时间思考一下，人类本身就是复杂的，这个人需要经历积极的成长和转变，不要把他看成"全是坏的"。

在社区中

- 尝试忽略生活中的小烦恼，如开车时有人抢了你的道，或者因为有人忽视你或不考虑你的感受而感到被轻视。

在内心深处

- 练习自我宽恕。反思一个小错误，通过练习原谅自己来消除负面情绪。允许自己犯错误，同时承诺未来会做得更好。

找到平衡

宽恕运用不足

当宽恕与你的公平感竞争时，它可能没有被充分运用。例如，当一个人举止失礼的时候，你可能因为他没有公平地对待你而生气，觉得他应该受到惩罚。宽恕就像轻易放过冒犯者一样。

另一些时候，一个人拒绝宽恕可能是一种自我保护措施。例如，宽恕会让你在未来再次被这个人伤害，所以宽恕这个人会让你感觉很危险。你可能和伤害你的人恢复关系，这就导致当他们再次伤害你时，你会感到失望和脆弱。相反，如果在他们第一次伤害你时，你保持一种不原谅甚至敌意的姿态，那么，当他们再次伤害你时，你可能觉得自己受到了较好的保护。在这种情况下，重新审视洞察力、判断力、善良和公平等品格优势所带来的结果就可能是有用的。

自我宽恕也可能未被充分重视。当失败的时候，你可能过多地批评自己，对自己的缺点和错误缺乏自我同情。不充分的宽恕是精神

（有时甚至是身体）痛苦的明确原因。

宽恕运用过度

当一个人总是原谅别人的时候，这个人会变得过于宽容。就像善良一样，过度使用这种优势可能让你变成一个受气包。

不是每个人和每种情况都值得给第二次、第三次或第四次机会，每个人和每种情况都可能有最佳的处理方法。宽恕并不意味着忘记或放弃适当的惩罚。宽容的人不仅要为他人的幸福着想，也要为自己的幸福着想。

57岁的崔西是一名送货员，她对自己过度运用宽恕有这样的看法。

我想我宽恕别人的能力可能已经伤害了我。我遇到过一些利用我的老板。他们会让我做一些他们知道会让我加班到很晚的事情，或者不应该是我工作的一部分的事情。我的朋友说我是一个容易被欺负的人。我的孩子也这样认为。在他们成长的过程中，有时他们对我很刻薄，或者与我对立，总是和我顶嘴。我丈夫希望我对他们更严厉一些，但我会立刻原谅他们。我总是告诉自己，我这么做是出于爱，他们会成为真正宽容的人。结果他们还是希望我能很快原谅他们做的错事。他们不容易为自己的行为负责。这让我很失望。

宽恕的最佳运用：
黄金法则

宽恕座右铭

"当别人惹我生气或对我有不好的行为时，我会原谅他们，并且我会在以后的交往中对此保持一定的警惕。"

想象一下

想象你对培养自己的宽恕优势很感兴趣。你开始关注那些使你烦恼的小事情，练习忽略的艺术。当你遇到交通堵塞或被人挡道的时候，你会很快驱散沮丧情绪。然后，你会对你最爱的家人和朋友的怪癖及小毛病释怀。最终，你发现自己已经准备好原谅某人更大的过错。在每次经历中，你都会注意到放下所带来的积极情绪和影响。你提醒自己，原谅别人是给他们的礼物，但也可以是给你的礼物。不要过度使用宽恕，你要从更大的角度看问题，在每种情况下都保持你的品格优势——公平和爱，并在更广泛的情况下仔细考虑自己和他人的幸福。

谦逊

| 是什么 | 为什么 | 怎么做 |

关于谦逊优势的知识

谦逊意味着准确地评估你的成就。要描述谦逊不是什么容易的事情——它是不夸耀，不无节制做事，不寻求公众的注意，不吸引别人的注意，不认为自己比别人更特别或重要。另外，它不是对别人的每个愿望或要求都低头，也不是高度地自我批评。真正谦逊的人知道自己的好，对自己很满意，很清楚自己是谁，但他们也能意识到自己的错误、知识的空白和不完美。最重要的是，他们不会因为自己的成就成为关注的焦点或得到表扬而感到满足。

谦虚是谦逊的一个方面，它更侧重指向外在，即做一些事情来减少对自己的关注，而不是表现出一种肤浅的自我中心态度。的确，谦逊和谦虚的人宁愿融入人群，也不愿脱颖而出。

如果你非常谦逊，你总是先关注别人，让他们成为焦点。反过来，这让你成为深受他人喜爱的人。谦逊的人交朋友很容易。谦逊保护你避免陷入自负的自私自利状态，或者被自我需求所驱使。当谦逊达到最佳状态时，你会对自己有平衡而准确的看法，看到自己在更大的世界中的位置，欣然承认自己的不完美，并帮助他人获得成功。

为什么谦逊是可贵的

- 谦逊与良好的自尊和积极的自我观有关。

- 谦逊的人可能表现出更高的感恩、宽恕、灵性和健康水平。

- 谦逊可以加强社会联系。此外，谦逊的人更乐于助人、更随和、更慷慨。

- 谦逊的人通常很招人喜欢，他们很少会令人感到威胁。

- 情绪健康、较高自我控制和较少自我关注是额外的好处。

- 谦逊与毅力、自我规范和善良优势相互联系。

- 谦逊常与对死亡更加释怀和宽容有关。

怎样激发谦逊

反思

- 谦逊的好处是什么？

- 别人如何回应你的谦逊？

- 你的谦逊来自哪里，如何表达？

- 谦逊是如何限制你的生活或妨碍你的？

- 你如何平衡谦逊与被认可和欣赏的需要？

发现优势

来认识一下格蕾丝，一位60岁的退休教师。

在接受VIA优势调查之前，我从未真正认为自己是一个谦逊的人，但现在我终于在自己身上看到了这一点。也许那是谦逊的一部分——直到有人指出，你才知道自己是谦逊的！这些年来，作为一名教师，我获得过几次奖项，如年度最佳教师之类。我会对自己说："嗯，这很棒，但我只是在做我的工作。"事实上，有时候我会在绘画中尽情挥洒，或者在教室里做一些创造性的事情。我能承认自己的成功，但我也享受没有其他人真的知道它。我知道我这样做只是为了取悦自己。谦逊确实帮助我把额外的注意力放在孩子和配偶身上——这些年来他们都很需要我的关注——我认为关注他们对他们每个人都有帮助。我看到一些同行真的爱吹牛。他们让你知道他们有多优秀，他们是多么好的老师，或者他们做了多么让人惊讶的事情。这总是让我觉得有点可怜，好像他们需要我的关注，甚至做这些特别的事情只是为了得到关注。当我自己发现一个人正在做的令人惊奇的事情而不是他自己告诉我时，我会更加理解并信任他。我是一名艺术史老师，我热爱现代艺术，但我总是对我教过的一些艺术家吹嘘或做各种浮华的事情来吸引别人注意的行为感到不舒服。我曾经听一位艺术评论家说过这样一句话："对伟人的第一个考验是谦逊。"我认为这不仅适用于艺术；安静的人会做最伟大的事情，即使他们没有得到最多的关注。

行动起来

在人际关系中

- 写下你在一段关系中特别谦逊但不苛责自己的个人经历。

- 在与你的一个亲密伙伴进行互动之前，让自己保持谦逊。这意味着你要花几分钟反思一下如何表现谦逊，以及你该如何谦逊地与人互动。

- 让你信任的人就目前困扰你的地方给你建议。

在工作中

- 通过倾听同事的想法来表现谦逊。当你觉得他们有很好的想法时，赞美他们，而不是试图添加你的想法。

- 注意在团队中你是否比别人说得多，并关注团队中的其他人。
- 想一种你把更多的注意力放在自己的需要、感受或兴趣上，而不是别人身上的情况。在下一次交往中，把大部分时间花在对方和他们的希望、需要、观点和想法上。

在社区中

- 确定你是否在某些人群中不够谦逊。如果是这样，尝试不同的方法。
- 在社区中寻找谦逊的榜样。思考他们谦逊的证据。与他人交流你的发现。

在内心深处

- 花点时间来观察和欣赏你的许多品格优势、天赋、兴趣和资源（也许就是坐在一个安静的地方），以积极、乐观、平和和完全谦逊的方式欣赏它们。

找到平衡

谦逊运用不足

自夸和把自己描述得比别人更好或更重要，这是谦逊运用不足。在一些文化中，自夸会受到惩罚。谦逊作为一种品格优势在全球范围内相对少见，谦逊与其他品格优势之间的联系也相对较少，这表明在许多文化中，人们可能普遍没有充分运用谦逊。吹嘘自己的成就是在某些领域取得成功的一个重要组成部分。因此，必须根据你的文化期望来考虑什么是谦逊运用不足。大多数人都想与他人分享成功和成就，至少在一定程度上是这样，因为被欣赏的感觉很好。此外，有证据表明，分享好事情对说话者和倾听者都有好处。换句话说，分享你的品格优势故事、积极经历、贡献或成就是很正常的，这有利于你的健康。然而，当你把谦逊提升到自夸的程度，当你唯一的焦点或目的是吹嘘自己，或者当你表达你是"最善良的人"或"工作中最公正的人"的时候，谦逊运用不足就显露出来了。我们每个人都有自我需求，都会时不时地寻求认可或认同。因此，即使是非常谦逊的人，也会发现自己在某些情况下会一反常态地自我宣传。当你不考虑别人为你的成功做出了多少贡献时，当你低估自己没有得到但别人得到的荣誉时，或者当你不能把竞争放在一边去欣赏别人的成就时，谦逊运用不足就在不知不觉中发生了。

谦逊运用过度

谦逊运用过度会变成另一种东西——自我贬低、过度自我批评或屈从。虽然合理程度的谦逊与高自尊有关，但过度的谦逊可能意味着较差的自我形象。谦逊运用过度的后果是，在那些可能想要更多了解你的人面前，你在压抑自己。这会阻碍人际关系的发展，因为人们没有机会了解你，甚至认为你对自己遮遮掩掩。某些形式的过度谦逊反映了自我怀疑或消极态度。

30岁的萨夏伊罗是一位有过谦逊运用过度经验的放射技师。对于谦逊运用过度，他有以下看法。

我认为自己是一个谦虚的人。我从不吹嘘什么，也不怎么谈论自己。我对我的工作和现在的关系很满意。我并不特别努力去拥有"最好"的东西，或者成为"最好"的人。当我看到别人在工作中努力提升自己，或者不断改善人际关系时，我就会怀疑自己是否应该做得更多，是否应该争取更多成就，是否应该在工作中以"往上爬"的方式说话。我是个非常注重隐私的人。除了表面性的事物，很少有人了解我。我不怎么分享我自己、我的问题，或者我在社区里做的好事。当我认识新朋友的时候，我能看到这些限制我的地方，因为他们不知道我到底是谁。他们不知道我在生活中克服困难完成的一些重大的事。然后，我看到其他人分享这样的经历，这鼓舞了人们。我或许也可以用我的故事激励别人，但我不想那样做。

谦逊的最佳运用：
黄金法则

谦逊座右铭

"我看到自己的长处和才能，但我很谦虚，不寻求成为关注的中心或得到认可。"

想象一下

想象一下，你在生活的各个方面都表现出谦逊。有没有一个领域，你不像别人那么谦逊，如在工作中或社区组织中？在这个领域多使用谦逊。在这个领域里和不同的人打交道，鼓励他们，赞美他们的工作。你可以运用审慎优势来计划如何运用谦逊。

你意识到自己的品格优势，并在生活中表达出来。换句话说，你对自己诚实——你知道自己是谁，而且不怕表现出来。你分享成功、成就和一天中感到开心的事情，但是你不去详述它们，不去美化它们，你不相信你因为它们而比任何人都特别。在工作和家庭，还有生活的宏伟计划中，你看到了你和他人的位置。

审慎

| 是什么 | 为什么 | 怎么做 |

关于审慎优势的知识

审慎是指对选择小心谨慎，在行动之前先停下来想一想。这是一种节制类优势。当你审慎的时候，你不会冒不必要的风险，也不会做一些以后可能后悔的事情。如果你非常审慎，你就能考虑到行为的长期后果。审慎是一种实践推理的形式，是客观地审视自己行为的潜在后果，并基于这种审视来控制自己行为的能力。

你可能认为审慎是"明智的谨慎"。审慎包括谨慎地做出选择，做出正确的决定。审慎的人当然可以承担风险和顺其自然，但他们会权衡行动的利弊，在行动之前考虑事情。当得到更多信息时，继续这个过程。当你非常审慎时，你会仔细地制订计划和着眼于更大的前景，承担合理的风险，从而实现成长和进步。

为什么审慎是可贵的

- 审慎与聪明和乐观联系在一起。
- 审慎与更好的身体健康、工作表现和学习成绩有关。
- 审慎帮助我们避免生活中的灾难，无论是生理上的还是心理的。
- 审慎与合作、果断、人际热情和洞察力相关。
- 审慎与高生产力和认真负责的能力相关。最有可能的原因是，审慎的人倾向于不签署协议，除非他认为有很好的机会达成成功的结果。

怎样激发审慎

反思

- 审慎行事能给你带来哪些个人好处？

- 这些年来，审慎在大大小小的方面给你带来了什么好处？

- 你在生活的哪些方面最审慎和最不审慎？

- 别人如何回应你的审慎？

- 当你阻止自己去冒险的时候，你会有什么遗憾吗？

发现优势

来认识一下简，一位38岁的中层管理人员。

我一直是个内敛的人。我高中的朋友们会做一些疯狂的事情，而我对此总是很小心。也许我只是不像他们中的一些人那样敢于冒险，但我认为并不是冒着受伤的风险就能真正享受到做某事的乐趣。这一直延续到我的成年生活。在我的职业生涯中，我冒过风险，但我知道那是会有很好回报的"可衡量的风险"。我从不买彩票，也不喜欢赌博。我为什么要在知道胜算不大的情况下赌博呢？我宁愿参与一个我知道有可能成功的项目，如果成功了，这将提高我在公司的声誉，让我对公司变得更有价值。我认为考虑成功的概率是审慎的重要组成部分。这些年来，我已经成了一个别人可以寻求建议的人。我会对人们说："你成功的概率有多大？"

有时候，人们似乎从来没有从这些方面考虑过他们的决定。很多人只是看着可能的奖励，而没有考虑他们获得这个奖励的机会，也没有考虑获得这个奖励需要付出多少努力。我认为他们因此做出了错误的决定。

行动起来

在人际关系中

- 在接受一个项目或任务之前，向可信赖的朋友或重要的人咨询一下意见。
- 在你最亲密的一段关系中，练习在每说一件事之前停下来反思。坚持一周，看看效果。
- 当你使用审慎来使亲密关系受益时，复盘过去发生的一件事。

在工作中

- 当你在行动前对事情进行组织和计划，从而将犯错或达不到目标的风险降到最低时，你就在审慎行事。在开始一项任务之前花点时间做个计划，这样你工作的时候就能把细节和长期目标记在心里。
- 在工作中面对困难或危险情况时进行成本效益分析：做某事的好处是什么？做某事的代价是什么？不做某事的好处是什么？不做某事的代价是什么？
- 在你对一个工作项目做出接下来的三个重要决定之前，排除所有干扰。
- 在你做一个通常很容易的决定之前，在采取行动之前，花足够的时间去考虑它。

在社区中

- 如果你所在的社区正在进行激烈的辩论，那就参加辩论，看看你是否可以保持审慎。等到双方都说了自己的观点再发言，看看你是否能拿出一个双方都能接受的可能的妥协方案。

- 驱动审慎。当你这样做的时候，注意你的精神活动和身体感觉。提醒自己，时间紧迫的紧急情况比你想象的要少。

在内心深处

- 写下你一天中剩下时间的每个小时的计划，无论多么琐碎。考虑你对每个计划的想法、动机、欲望和情绪。

找到平衡

审慎运用不足

在当今快速解决、快速行动的社交媒体文化中，我们可能感到被迫快速回应，而不是在行动（或打字）之前先反思。审慎运用不足是常见的。除了过度的、非凡的、丰富多彩的或令人兴奋的事物，对其他事物的短暂关注也导致了这种现象。

虽然审慎通常会让拥有这种品格优势的人感到安慰，但有时也会让他们对自己缺乏心血来潮的感觉而感到难过，而且他们可能感受到来自他人的压力，让他们把审慎抛到脑后。因此，审慎的人会发现自己陷入轻率的另一个极端。

例如，一个审慎的人可能有意识地以一种心血来潮的方式去度假，而不是按照其他人的建议去计划每个细节。这可能很好，但也可能导致不太理想的结果。

审慎运用过度

有时，其他人会消极地看待审慎，如沉闷、压抑、僵化或被动。然而，这并不是审慎的平衡、健康的表达：这审慎运用过度的描述！如果有人一再拒绝挑战自己或走出舒适区，那么可能是审慎运用过度。审慎运用过度有时与对不确定性的焦虑有关。太多的审慎和小心会限制人际关系的发展，阻碍自我完善，或者减少职业机会。

58岁的比尔是一位理财规划师，他对自己过度运用审慎的做法给出了一些见解。

我知道我错过了那些会有回报的机会，因为我害怕冒险。在某些情况下，如承担更多的工作，我本可以做到的。我做事有自己独特的方式，不想冒险改变常规。我年龄很大时才认识了妻子，因为我认识的新朋友非常有限。当我遇到陌生人的时候，我有时会显得有点闷闷的，或者有点自命不凡。当然，作为一名理财规划师，审慎在我的工作中发挥了很好的作用，我也为我的家人和客户做出了很好的投资选择。但即便如此，有些时候我在保持一种非常安全的投资组合上过于死板，导致我没有走另一条本来可以带来更多收益的道路。

审慎的最佳运用：
黄金法则

审慎座右铭

"我做事小心谨慎，尽量避免不必要的风险，并对未来做好计划。"

想象一下

想象你正以一种最佳的方式将审慎带入你的生活。你准时、有礼貌，仔细地计划你的一天和一周。你用自我规范和纪律来计划工作任务，并且在晚上和周末为家人安排一些有趣的活动。当挑战出现时，你会停下来仔细反思，而不是冲动地做出回应。你用自己的判断来审视问题的细节，诚实地与他人分享你的解决方案和计划。你开始看到生活中的安全区，在那里你可以不那么谨慎而仍然感到舒适。你知道在什么时候需要勇敢，在什么时候需要审慎，在什么时候需要同时运用这两种优势。

关于自我规范优势的知识

自我规范是一种复杂的品格优势。它与控制欲望和情绪、调节行为有关。自我规范的人对自己的信念有很强的自信，他们相信自己在追求的事情上是有效率的，并且有可能实现自己的目标。他们因为能够控制自己的失望和不安全感而受到赞赏。自我规范有助于在生活中保持一种平衡感、秩序感和进步感。

自我规范的人知道什么时候应该"适可而止"。当处于自我规范的最佳状态时，你通过保持健康习惯、控制情绪和冲动来锻炼自我规范和自我控制，同时允许自己在日常生活中随心所欲地享受快乐，并保持合理的自由自在。

自我规范的核心要素是变得有纪律。这意味着你要对饮食、日常消费及运动做出慎重的决定。这并不意味着完美的规范，而是一个自我规范的人在管理这些行为、追求自己的目标和达到一定标准方面具有高度的自我控制能力。

自我规范可以采取多种形式。除了管理习惯、行为、冲动和情绪，你还可以管理注意力。注意力的自我调节通常称为正念，从事正念的人会控制自己将注意力放在某些事物上，也许是他们的呼吸、蜡烛的火焰、爱人的微笑、咬碎的食物，或者走路时身体的动作和产生的声音。

自我规范的敌人是所谓的"延迟折扣"。这种情况通常发生在一个人为了一个更直接的结果而放弃了一个更好的长期结果时。如果长期结果比短期结果更令人满意，自我规范的人会关注长期结果。当你处于自我规范的最佳状态时，你会尽最大的努力在饮食、睡眠和锻炼方面遵守健康习惯，并且能够在各种情况下控制情绪和冲动。当这些做得不够完美，你不确定是否要继续坚持自我规范时，你就会运用自我同情和自我宽恕。

为什么自我规范是可贵的

- 早期在延迟满足上取得成功的孩子在学业和社交上也更成功，而且这种成功是持久的。
- 自我规范的人焦虑和抑郁的症状更少，更能控制愤怒情绪，与人相处也更好。
- 自我规范的人能够掌控自己的情绪，而不是被情绪掌控。自我规范与实现目标和在许多方面取得成功有关，包括学业、运动和工作。
- 自我规范与更好的个人适应相关联，如较少的生理和心理问题，在人际关系中更强的自我接受感和自尊感。
- 自我规范有助于预防和管理自己对其他事物的痴迷。

怎样激发自我规范

反思

- 自我规范在你人生最大的成就中扮演了怎样的角色？

- 你生活的哪些方面管理得最好？

- 你如何控制自己的冲动？你使用什么技巧或策略？

- 就情绪调节和冲动而言，生活的哪些领域或环境对你来说最具挑战性？

- 当你不能有效地自我规范时，你对自己有什么想法和感受？

- 其他人（朋友、家人、同事或熟人）如何回应你的自我规范？如果更加自我规范，你生活的哪些方面会得到改善？

- 自我规范如何影响你对模糊或不可预测情况的容忍度？

发现优势

来认识一下伊森，一位63岁的退休企业主。

有很多人在自我规范方面比我做得更好，但我确实在生活中建立了一些很好的习惯。父亲英年早逝后，我开始担心自己的健康，也开始担心自己能否陪着三个孩子长大，所以我决定强身健体。我开始每天去健身房，即使这意味着早上6点起床。少喝酒，多吃健康食品。我开始关注环境问题，所以我在社区里成立了一个组织来解决这些问题，我们在推动新举措实施方面非常成功。我认为下定决心去做某件事是非常重要的，你要有纪律并集中精力去实现它。

有时我不得不放弃我此刻想要做的一些事情，但这样的选择从长远看却更有益处。这种思维方式可以让我在回首过往时对自己取得的成就感到满意。

行动起来

在人际关系中

- 考虑你想要花一些时间和参加一些训练去改变的事情，如获得更多经济上的自由。坐下来写出一些达成这个目标的步骤和需要克服的障碍。为每个步骤设置时间框架。使用自控力（或与家人一起）尝试去做。

- 尝试以一种新的方式坚持锻炼或日常散步，并且把你的一个亲密伙伴也带入这种规律活动中。

- 下次当你在一段感情中感到生气时，先走开并冷静一段时期。研究一下你正在感受的情绪。是悲伤或焦虑让你生气吗？决定是否要温和地分享你的感受，或者去进行一项自我关心的活动（如洗一个热水澡）。

在工作中

- 当你管理可能影响你自己的表现和其他人表现的情绪和冲动时，自我规范会起作用。当你做课题或和同事交谈时，控制情绪的第一步是意识到它们的出现。

- 在工作中选择一个长期的目标去实现。运用自我控制，采取先前描述的能够达到你的目标的步骤。

- 注意一天的姿态。当你注意到自己懒散、不舒服地坐在那里，或者显现不好的姿态时，通过伸展运动平衡你自己。你可能不得不每天练习几次，以使这种运动变得更加自觉。

在社区中

- 列出邻里或社区活动的待办事项清单，提出行动计划，然后开始执行。

在内心深处

- 通过控制注意力，把你的自我规范向内转化。就像之前提到的那样，这是正念冥想的练习。把注意力带到你自己身上——你的想法、身体感觉、情绪、动机和行动。观察这些元素每次的变化，并保持开放的意识，即使你经历了一些负面的事情，也不陷入任何一种消极元素中。

- 更加有效率地安排日常生活。想一个更好的方法来整理厨房，或者在早晨为一天的生活做好准备，并把这种组织的原则应用到其他问题上。

找到平衡

自我规范运用不足

自我规范运用不足是一个重要的问题，因为长期的自我规范不足是众多个人和社会问题的核心。

也就是说，如果没有很好的自我规范的话，我们的生活将遭受重创，社区将陷入混乱。即使自我规范能力低，但我们所拥有的优势却比我们想象的多，而我们是否可以充分使用优势也会因环境的改变而不同。例如，在工作日的八小时之中，你可能可以很好地处理情绪和冲动，但在此之后你可能暴饮暴食，无法充分自我规范。

自我规范是一种像肌肉一样的能力——可能在短短的七分钟内因过度运用而疲劳（因此就会运用不足）。它也像肌肉一样可以通过练习而加强。在某个特定的领域，自我规范确实难以得到充分利用。许多人对以下一项或多项的自我规范运用不足：性欲、财务、吃喝玩乐、工作、锻炼、集中注意力（走神）、情绪、冲动/反应性和身体姿势，这些都是最重要的。如果你在某个领域没有充分运用自我规范，而在其他领域充分运用，则可以研究自己擅长的领域，以更好地了解自己的自我规范习惯。换句话说，我的财务管理和运动习惯如何自我调节得那么好？我的习惯和自我规范的方法可以如何应用在自我规范不足的领域？

自我规范运用过度

一个在特定情况下过度运用自我规范的人被称为过度控制。他们以一种刻板和有时有害的方式过度管理自己，有时控制每口的饮食、每分钟的锻炼，粉碎每次消极情绪的线索。他们可能描述自己被抑制或被束缚，甚至感觉自己被紧紧地缠绕着，这都是他们过度控制的一部分。

这种过度运用会变成强迫性的日常行为，并严重破坏他们建立起来的关系。在一些情况中，他们可能表现得很优越，但是实际上，他们经常深受折磨。

28岁的罗宾是编剧和女演员，她分享了过度运用自我规范的故事。

作为舞台上的女演员，我不仅想要扮演好自己的角色，还想要把角色丰富起来。对于任何新角色或新试镜，我都能胜任。我经常扮演一个身材好的或苗条的女性。我会把醒着的每分钟都用来管理饮食和锻炼。

我沉醉于此。这并不是说我做的只有锻炼，而是说它整天占据我的思绪。我是很自我规范的，每天做各种各样的长时间锻炼，而且吃定量的、计划好的食物。我并不是坚持几个月就偏离这些计划。我从来不和朋友或家人出去吃饭，甚至没有去过任何一家咖啡店吃零食。当然，我吃得很健康——而且吃足量的食物——但是食物种类和份量是非常固定的、严格控制的。我一方面喜欢这种自我规范，因为我知道目标是什么，而且我很成功。但是我另一方面不喜欢自我规范，因为那样我不能保持任何亲密的关系，并且会感到缺失自由。另外，我在演戏的几个月中精神异常紧张，压力也很大，这也影响了我和家人的关系。在我的角色结束后，我的习惯也很难打破。把所有的事情恢复正常也需要花费我好几个月的时间。

自我规范的最佳运用：
黄金法则

自我规范座右铭

"我能够管理自己的情绪和行为；我很自律，并且能自我控制。"

想象一下

想象你处于自我规范的"区域"中。你已经找到了适合自己生活的平衡点。你一直在管理情绪、日常锻炼、饮食，甚至注意力水平（意味着你在控制专注力和提高注意力）。尽管在每种情况下都完美地自我控制是不可能的，但你仍可以想象一下，在你的生活中哪方面自我规范发挥得最好：是饮食、锻炼、情感表达和控制，还是集中注意力？花时间去思考这些领域，并且在每方面都获得一种健康的平衡意识。

记录下最能帮助你实现自我规范的品格优势也是非常有趣的。热情是否可以帮助你保持精力旺盛？希望是否可以帮助你清晰地描绘出未来的最佳图景？审慎和毅力是否可以帮助你为所有的目标做计划，并在你采取行动时克服障碍？

美德：超越

欣赏美　　　感恩　　　希望　　　幽默　　　灵性
和卓越

提供人生意义并联结更广大的世界的优势

　　最后一组优势涉及超越这一美德。正如勇气和节制形成对比，仁慈和公正形成对比，超越可以和智慧形成对比。智慧一定与获取知识，并利用知识去造福自己和他人相关。而与超越相关的是，我们明白，有些事情是我们永远无法知道或完全理解的。我们必须认识到知识的局限性，并利用这种认识来为好的一面服务。

　　我们知道，这种描述听起来有点抽象，而超越是美德中最抽象的。另一种反思超越的方式是将其与仁慈和公正进行比较。这两种美德是从自身之外观察他人，超越则是从自身之外观察世界的本质、未来，甚至超越物质世界。与超越有关的优势帮助我们从日常生活中分离出来，并能有更开阔的思维方式。超越美德包括欣赏美和卓越、感恩、希望、幽默和灵性。

欣赏美和卓越

| 是什么 | 为什么 | 怎么做 |

关于欣赏美和卓越优势的知识

这种品格优势的核心是一种能力，能够在某些情况、环境下或其他人身上看到令人愉快和感动的东西，一种别人可能忽略的特别的东西。欣赏美和卓越包括注意和欣赏日常生活中的美、独特性、美德、技能和特殊之处。在最好的情况下，这种优势出现在各个领域：从自然和艺术到数学和科学，再到人际互动。

更具体地说，至少在三种不同的背景下，这种品格优势会出现。

（1）对自然美景的欣赏，如日落或平静湖面上闪烁的灯光。这些经历往往会产生敬畏和好奇的感觉。

（2）对技能、天赋和其他形式的卓越表现的欣赏，如奥林匹克竞赛或工匠制作工艺品———一件无可挑剔的家具。这些经历往往会产生钦佩的感觉。

（3）对他人美德的欣赏，如宽恕、善良、公平或同情的表现。这些经历往往会产生一种振奋的感觉，反过来，这也会激励我们善待他人。

审美的形式是从小处看美，如树上的一片叶子或一个人的动人微笑。当你欣赏一座建筑的奇特风格或阅读一本精心制作的书籍时，对卓越的欣赏也会在一瞥之间发生。换句话说，这种优势在于不把一切视为理所当然，而是重视与众不同和特殊的东西。当这种优势达到最佳状态时，你不仅要体验自然、文学、科学、体育、音乐、电影、出色的表演和高尚的行为，以获得它们的娱乐价值；你也欣赏它们提升人类体验的方式。反过来，你也会想要提升自己，对别人更友善。

为什么欣赏美和卓越是可贵的

- 欣赏美和卓越是一种优势，可以帮助人们应对情感的挑战或其他困难。经历过失去或痛苦的人往往会发现他们对美的鉴赏力增强了。

- 这种优势的表达会即刻导致一种积极的情感体验，可以将其视为敬畏、钦佩或升华，所有这些都有助于产生幸福感。

- 欣赏美和卓越与各种健康行为有关。

- 研究表明，增强欣赏美和卓越能增加幸福感，减少抑郁，至少在短期内是这样。

怎样激发欣赏美和卓越

反思

- 在什么样的条件下（人、地方、活动），你对美和卓越是欣赏的?

- 欣赏美和卓越如何影响你的工作、生活、人际关系和社区参与?

- 你是如何培养自己对美和卓越的鉴赏力的?

- 你在多大程度上欣赏美和卓越?

- 欣赏美和卓越是否会以积极或消极的方式压倒你? 例如，一个人可能被他人的敬畏或钦佩所淹没，或者一个人对自我要求过高，所以很难达到。

- 如果你更关注他人的善良和美德行为，你会如何在生活中发现更多的美？

发现优势

来认识一下40岁的室内设计师鲍伊。

我不太了解感觉及信息是如何进入大脑的，但我肯定是先从视觉上感知事物的。在我最早的记忆中，我就是这样的。当我还是个孩子的时候，我就喜欢那些绘有珍宝的图画书。金子就像一顿闪闪发光的大餐，珠宝在某种程度上就像糖果。当看着那些图片时，我感到兴奋和纯粹的喜悦。

情感对我来说是重要的；重要的就是从情感中获得的快乐。美丽的事物、引起视觉震撼的事物，像食物一样滋养着我。当我发现周围的人不像我这样欣赏事物时，我很惊讶。他们似乎对眼前的一切视而不见。我不得不指出一些美好的事物，但有时我对得到的回应感到失望。我认为我对美好事物的兴趣是很深的。就我而言，我的生活既是为了创造美，也是为了根除丑。

如果能把一盏平平无奇的塑料灯换成一盏漂亮的水晶灯，我认为这整个过程就是有意义的，并且会回馈给我的同事。我不认为这一定是一种利他主义的行为，但它是一种积极的力量。不只是为了我，而是为了所有人。

行动起来

在人际关系中

- 与亲密的朋友一起听一段美妙的音乐或看一部有深度的电影，一起体验积极的情绪，分享你对美和卓越的欣赏。
- 每周记录下你在人际关系中的美好时光。

在工作中

- 很多优势有助于做好工作，如毅力和自我规范。当你因为关心做得好的事物的美而做好工作时，那么你工作上的成功可能更多地与你对美和卓越的欣赏有关。通过注意和支持好的想法和解决方案来培养和使用这种优势。
- 在工作间隙，离开办公桌，走到外面或看看窗外，欣赏你所看到的美景。看看这样能不能让你在接下来的工作中恢复活力。
- 以一种你觉得美观的方式装饰工作环境，并定期做出改变。
- 发现他人的优势。在工作和生活中表达你的优势。

在社区中

- 每天花一点时间观察你所在社区的自然美景（至少一处）。
- 花时间去了解你所在社区或城市里其他人的非凡努力和技能。惊叹于他们过去所取得的成就，并与社区中的其他人分享积极的一面，或者直接与这个人交流你积极的感受。

在内心深处

- 停下来欣赏你内在的美。做到这一点的一种方法是，看到你的品格优势，回想一下你是如何利用它们为他人带来好处的。

| 找到平衡 |

欣赏美和卓越运用不足

当我们被日常琐事和压力所困时，很容易忽视现在正在发生的事情。无论它是一次深入大自然的经历，一场令人印象深刻的比赛，还是某人的一个善举，都是我们与美和卓越联系在一起的时刻。即使那些对美和卓越充分欣赏的人，在某些情况下也不会充分运用这个优势，并且错过在平凡或常规的事物中发现美的机会，如长期的关系、熟悉的环境，甚至他们自己。

欣赏美和卓越运用过度

对美和卓越的过分强烈的欣赏，会导致完美主义、功利主义，以及对那些没表现出这种欣赏的人的不宽容。当别人威胁或忽视自然美景时，你可能生气，这可能导致你过度运用这一优势。在某些情况下，过于挑剔或要求卓越，对其他人产生负面影响时，可能你就过度运用了这一优势。有些人可能不欣赏自己的个人成就，因为他们有高度完美主义的标准，他们相信"永远都不够好"。

30岁的布雷迪是一位地质学家，他分享了欣赏美和卓越的过度运用。

对于我的家人来说，我对美丽的追求让他们很恼火。我对事物应该是什么样子有非常具体的想法。我父亲有一次买了一把安乐椅，它和我父母客厅里的其他装饰完全不搭。这使我发疯。我告诉他们我的感受，但他们只是觉得很有趣。最后，我买了一把新椅子，把他们之前的那把椅子卖给了二手店。父亲看了看我带来的椅子，笑着说："是啊，这椅子看起来好多了，但它也一样舒服吗？"确实是。这并不是说他品位不好，只是坐哪把椅子对他来说不重要而已。然而，对我来说，在生命的这个阶段，我不能容忍任何不美丽的东西。但我知道这会让人烦恼。

我还觉得，有时候我对那些品位高雅的人印象太深刻了，但有时候那些人并不是最善良的人。我和一些人谈过恋爱，她们的审美让我印象深刻，但我们的恋爱是一场灾难。随着年龄的增长，我意识到，在一段感情中，欣赏美丽并不是最重要的事情。我现在的伴侣真的很有品位，但也很关心我，很喜欢我。我花了很长时间才意识到这比审美更重要。

欣赏美和卓越的最佳运用：黄金法则

欣赏美和卓越座右铭

"我赞赏并感性地体验周围的美和他人的优点。"

想象一下

想象你咬第一口最喜欢的食物。注意秋天树叶不断变化的鲜艳颜色。看看一个朋友对另一个朋友的宽恕。观察一名职业网球运动员在球场上奔跑时的流畅和精湛的技巧。细细品味这些经历，体验与之相关的感觉，感恩每次经历。

现在，想象第一口简单的午餐，欣赏它释放出来的味道。观察一根树枝、根、花或叶子，看看它生命的充实。注意看到别人为支持一项美好的事业而捐款时的美好感觉。看看孩子慢慢提升他的技能的卓越之处。

记住，在一天中的任何时刻，你都可以将注意力转向欣赏你周围的美好、卓越和善良。

感恩

是什么　　为什么　　怎么做

关于感恩优势的知识

感恩的品格优势包括在生活中感受并表达一种深深的感恩之情，更具体地说，花时间真诚地向他人表达感激之情。感恩可以是特殊的礼物或体贴的行为。它也可以更普遍地反映出你对一个人为你所做出的贡献的认可。我们可以感恩他人有意为之的行为，如孩子送给我们的一件艺术品；也可以感恩自然的馈赠，如炎热夏天拂面的凉风。感恩的标志是一种心理反应：一种超然的感恩之情，一种从那个人或事件那里得到礼物的感觉。感恩的人会经历各种积极的情绪，而这些情绪会激励他们以更高尚的方式行事——更谦逊、更持久或更善良。感恩有助于培养善良和爱的品格优势，因此与同理心和与他人的联系密切相关。

感恩有三个主要组成部分：对某人或某事的一种温暖的感激之情；对那个人或事的一种良好的感觉；一种从感恩和善意中产生的积极行为倾向。当你拥有最好的感恩状态时，你会对生活中积极的事情心存感恩，会经常直接向他人表达感激之情。你定期细数发生在你身上的好事，积极反思你是如何度过一生的。感恩开启了你运用其他品格优势的大门，如善良、好奇心、希望、灵性和热情。

为什么感恩是可贵的

- 感恩是与体验有意义的生活最相关的优势之一。

- 感恩有助于身心健康，如改善心血管和免疫系统功能。

- 感恩是与满意度和幸福感密切相关的五大优势之一。

- 感恩的人有更好的锻炼习惯、积极的情绪和良好的睡眠模式。他们不太可能抑郁，更有可能参与各种旨在帮助他人的行动。

- 感恩的人往往有更大的成就、更多的乐观，工作乐趣和工作动力也更强。在学生中，感恩与更好的成绩有关。

- 感恩也有精神上的益处，如深入享受生活，具有对他人的普遍责任感，以及降低对物质的关注。

- 感恩活动在提升幸福感和控制抑郁症方面取得了普遍的成功。

怎样激发感恩

反思

- 在什么情况下你最有可能表达感恩之情？

- 表达感恩对你来说最有意义的是什么？对某些人来说更有意义吗？

- 你是否没有充分地向一些人表达感恩，或者出于疏忽，或者故意隐瞒感恩之情（如家人、朋友、同事、导师、社区成员）？如果是这样，为什么？

- 在向某些人表达感恩时，你有什么顾虑（如果有的话）？

- 如果某人不表达感恩，这是否会降低你对他表达感恩的可能性？

- 当你表达感恩时，对别人有什么影响？

- 你在多大程度上是出于深深的感激之情向他人表示感谢，而不是出于社会习俗？

发现优势

来认识一下卡夫列拉，一位48岁的图书管理员。

对我来说，培养感恩的心态是一个有意识的、具体的决定。当时我正处于离婚旋涡中，孩子还小，有很多情感和经济上的担忧。一切看起来都很黯淡，我想要抓住一些东西。有一天，我下班开车回家时，拐回我住的那条街，看到了壮观的日落。在那一刻，我"哦"了一声，意识到那是我一天中最光明的瞬间。我感到精神振奋。我记得我当时想："这就是我需要的。"我需要更多这种感觉，并反思："我如何才能得到这种感觉？"那时我意识到我正在经历的是感恩，无论事情变得多么糟糕，我的生活中仍然有很多值得珍惜和感激的东西。意识到这些，减轻了我的负担。

有时候，感恩是生活中随机发生的，例如我男朋友回家后跟我聊天，说起一个人的情况比我糟糕得多，这使我很感激自己的处境。有时候，感恩是一种必须做的练习，尤其当你被一大堆负面情绪填满时，你必须摆脱它们。对我来说，这是一种明确的技能；这是我必须做的事情，就像体育锻炼一样。你必须下定决心去做，必须彻查生活中的每个角落和缝隙。感恩最有用的时候，也是我们最需要它的时候。

行动起来

在人际关系中

- 在亲密关系中找到一个你欣赏但以前没有注意的小特点或行为。说出来，与亲密伙伴分享。
- 每天结束时，记下在你的一段关系中发生的一件好事，以及它发生的原因，无论多么微不足道。

在工作中

- 当你因工作为你提供的机会而感激，或者他人做了令你感激的事情时，你就可以表达感恩之情。表达感恩的途径可以是，在便利贴上分享你的感激之情并把它放在别人桌上作为惊喜，或者用电子邮件发送感谢信等。
- 在工作中对一个不怎么起眼的人表示感谢。一定要用几句话解释你为什么感激他，并说明他的行为对你的影响。
- 写下工作中发生的三件好事，然后反思这些好事为什么会发生。

在社区中

- 关注过去帮助过你的人或为社区做过好事的人，在他们车上或门前留下便条，表达感激之情。
- 感谢你所在社区的服务人员长期以来付出的努力，如非常专心的公共汽车司机、商店职员或餐馆服务员。

在内心深处

- 在自己身上选择一个你认为理所当然存在的小方面。用心去感受它，感受你对自己这一部分的感恩。

找到平衡

感恩运用不足

感恩运用不足可能由于对生活中的美好事物缺乏意识。有些人经历过某种程度的伤害，以至于他们有意或无意地选择不去注意任何长远且令人振奋的事情或他人的善举。在不那么极端的情况下，你可能过于专注内心，以至于没有注意到面前的人或事需要你去感激。另一种运用不足的情况是，你想表达感激，却没有情感或社交技能来表达这种感激。

我们总是错过对自己的健康、人际关系或大大小小的成功表达感激之情的机会，所以感恩运用不足的情况是经常发生的。特别是，我们很容易把最亲密的人——父母、孩子、兄弟姐妹和配偶为我们所做的一切视为理所当然。作为一种品格优势，感恩的一个重要部分就是体验，并向值得被感恩的人表达感激之情。

感恩运用过度

对于被感恩的人来说，太多的感恩似乎是做作的、重复的，甚至是讨厌的。它会让一些人感到不舒服，尤其被感恩的人不需要感谢，或者没有感受到他们所做的事情是特别的。另一些人甚至会怀疑你的诚意。然而，过于频繁地表达感激（过分地表达感激）一般不是大问题。

对生活中所拥有的一切感恩太多也会妨碍你去追求更多的东西。对一个人或一种情况的积极方面过分地感恩，可能阻碍你产生有利于其发展的批判性观点，进而使得你无法收获更好的人际关系或工作环境。

26岁的营销顾问高尼科尔讲述了她过度运用感恩的故事。

我很早就离婚了，很快就和另一个男人确立了关系。感恩一直是我的一种强大优势，所以我很自然地把它运用到我的新关系中。我特别感激他，因为在当时他让我转移了一些孤独和事业上的失望。当他为我做了一件好事，不管这件事多么小，我都会感激不尽。即使他只是和我在一起，我也感到感激。但随着时间的推移，我意识到，感恩之情蒙蔽了我的双眼，让我没有看到这个人实际上给予我的东西很少。他在情感上不怎么支持我，对我努力恢复生活也没有多少耐心。我花了不少时间才意识到这些。最终，我意识到他并不适合我，但这教会了我需要平衡感恩、现实和照顾自己。我很感激他，但我不能自我欺骗而忽视他的严重缺点。分手后，我遇到了一个更有爱心的男人，现在我既感激又自信，他是适合我的。

感恩的最佳运用：
黄金法则

感恩座右铭

"我对很多事情感恩，而且对其他人表达感恩。"

想象一下

想象你每天至少注意到三件值得感恩的事情。你每天至少口头表达一次感恩，对一个人、对自然、对一种更高的力量，或者对另一个生命。

每次意识到感恩的时候，你就会花时间去理解为什么感恩，它从哪里来，它在你体内的感受。每天，你可能对同样的事情心存感恩，但同时也会产生三种新的感恩经历。你会意识到，如果每天都这样做，坚持一年，你就会有上千次感恩的经历，而且上百次地分享它。对于发展这种品格优势，这是一个多么强大的方式！

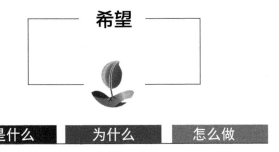

是什么　　为什么　　怎么做

关于希望优势的知识

希望优势与对未来的积极期望有关。它包括乐观的想法和关注美好的事情。希望不仅仅是一种良好的感觉，还是一种以行动为导向的优势，包括能动性、实现目标的动机和信心，以及为了达到理想的未来可以设计出许多有效的途径。

希望和乐观对幸福和健康有重要的积极影响。希望可以指向未来的成就和关系（当前的关系或新的关系），以及在社区或全球范围内被关注的问题。希望立足于现在，了解现在的状况，但正走向未来。当别人关注消极的情况或以冷漠或悲观回应时，一个充满希望的人能够提供另一个视角，并且其观点建立在坚实的、现实的基础上。

希望与其他与幸福相关的品格优势高度相关。值得一提的是，希望和热情之间的关系是任意两种品格优势中最紧密的。热情是对现在的积极态度的应用，希望是对未来的积极态度的应用。希望也往往与感恩和爱有关。这些优势所蕴含的热情、欣赏和活力，意味着其他人对它们特别敬佩。

当满怀希望时，你对未来持积极的态度，表达一种平衡的、乐观的观点。这不但激励自己前进，还能在这个过程中支持他人。

为什么希望是可贵的

- 希望是与生活满意度和幸福感最相关的两种品格优势之一。

- 希望与幸福的各种元素紧密相连，如愉悦感、参与感、意义，以及积极健康的人际关系。

- 充满希望的人不太可能焦虑或抑郁。如果他们变得焦虑或抑郁，这些情绪往往不会打垮他们。

- 充满希望的人更能坚持，尤其受到挑战时，他们更有抗逆力。

- 希望和乐观与积极地解决问题有关。希望与认真、勤奋和延迟满足的能力有关。

- 充满希望的人往往更健康、更快乐和更成功。希望使人长寿。

- 希望与较低的焦虑水平和较好的学校表现相关。

- 充满希望的人在失败后仍能保持更多的积极情绪。

怎样激发希望

反思

- 是什么让你对生活充满希望？

- 面临挑战的时候，希望扮演什么角色？在那些时候你如何表达希望？

- 对失望或失败的恐惧在多大程度上减少了你对希望的感觉？

- 在你表达希望和乐观的时候，你如何平衡什么是现实的，什么是不现实的？

- 充满希望会带来哪些危险？

发现优势

来认识一下维多利亚，一位日托老师。

在我成长的过程中，我的祖国发生了一场内战。我家里没有人因此而死，但我被贫穷、饥饿和恐惧所包围。我们总是能听到枪声。10或11岁左右，我开始意识到，大多数人似乎都在为此苦苦挣扎。有些人看上去被生活的艰辛打败了，然而还有一些人心中一直抱有希望，希望会有更好的事情发生。他们会采取行动，创造更美好的未来。在我看来，这些人是做得最好的人。不管周围发生了什么，他们都会发光。

于是我决定要成为这样的人。我对更好生活的希望激励着我采取行动，来到这个国家。我做了一些基本的工作，开始攒钱为上大学做准备。现在我一边工作，一边学习。我本可以放弃，坐着不动，盲目地希望有人来救我，或者就这么将就着，不管会发生什么。但我想："我能做到。我可以创造更好的生活。"我采取了行动。正是希望帮助我使这一切成为可能。

行动起来

在人际关系中

- 记录你和伴侣的三个成就，并考虑每个成就对你们未来的关系有何影响。

- 写下在亲密关系中最好的自己。想象一下未来，你将尽你所能向前走，要利用品格优势让未来成为现实。

- 下次你的亲密伙伴情绪消极时，为他提供充满希望的评论和观点。你对希望的表达要具体和现实。帮助他识别可能采取的并可以实现的行动。

在工作中

- 如果你可以预见，虽然路上有重重障碍，但事情能够更好地解决，就帮助他人看见同样积极的可能性，再陈述希望的力量。在工作中使用希望优势将会使你、同事或组织长期受益。考虑你今日的工作如何替未来铺路。

- 为你当天想要完成的任务设定一个目标。对任意一个目标，都去考虑至少三种达成的路径。

在社区中

- 围绕一部可以传达希望的电影，举办一场邻里或社区的活动，如《肖申克的救赎》《当幸福来敲门》《把爱传出去》。讨论电影传达的信息如何应用于你所在的社区，并产生影响。

在内心深处

- 考虑你正在面对的一个问题或经受的磨难。写下两个能够使你感到安慰的积极想法，增加两种你可以采取的行动，向前迈出一小步。

找到平衡

希望运用不足

当你拒绝向前看，忽视美好，或者停驻在过去的问题中，或者沉沦于目前的冲突中，你也许正是没有充分运用希望。也就是说，希望常常是与对困难和障碍的认知同行的。希望不仅仅是一种愿望的信念，更是一种行动。

当积极的事物不起作用时，或者当你充满希望的期待多次落空时，不仅会导致失望，甚至会导致对希望的怨恨。对一些人来说，控制希望感是一种保护自己避免失望的方式，但是这样会陷入对未来的持续悲观和消极中。另一种容易忽视的希望运用不足的情况是，父母对孩子的成功不抱太大希望，因为他们不想让孩子失望或失败。在这种情况下，家长正是没有充分运用希望，而不是将希望与其他品格优势结合起来，如洞察力和自我规范。

有时候，当你对某件事情失望时，便很难在其中找寻到希望。例如，一位家长可能不知道一个孩子学习有多么刻苦，可能也不了解朋友们给孩子的那些好的建议。一位老板可能不知道一位员工投入的额外时间及他完成的工作有哪些。这位家长或老板就没有充分运用希望，当情况变得更加光明的时候，却在期待平庸的或最坏的结果。

希望运用过度

即使希望是积极感知中最有力的品格优势之一，那些极富希望的人仍然需要找到一些平衡。过多的希望可能导致不现实，甚至"波莉安娜"化。《波莉安娜》是一部经典的儿童读物，讲述了一个无论发生什么事都很乐观的女孩的故事。将这本书读给孩子听的家长们常常说她的乐观已经达到了一种让人恼火的程度。一个人过分地对未来寄予希望，会导致其无法预计其中包含的负面事件。

希望运用过度的一个风险可以归于生理健康领域。如果你收到一份问题严重的医学诊断，但仅仅抱着一切都会好起来的希望而不采取行动，将会后患无穷。在这种情况下，保持对未来的希望的确很重要，但是切勿忽视警告信号。此处发挥其他优势变得至关重要，如发挥判断力优势以评估当下的细节，然后使用热情和自我规范优势以采取有效措施。

另一个希望运用过度的例子是你设立了太多目标或抱有过于积极的期待。充满希望的人在实现目标这件事上会变得过于自信。这种过于自信可能导致他们不知所措，然后失败。在这种情况下，运用审慎优势至关重要。

持续且强烈地表达希望时，可能对他人有鼓舞作用。然而，如果这种表达超出了别人能承受的范围，也会使人恼怒，或者使他们采用更悲观的观点作为平衡。

发现优势

约翰是一名35岁的建筑工人兼包工头，他关于希望运用过度有话要说。

有时候，当我表达太多乐观时，我注意到人们在翻白眼。人们有时会说："生活并不总是那么积极的，约翰。"我实在忍不住去寻找任何一个问题中的一线希望。这使我想知道人们是否由此对我的判断有所质疑，几乎就像他们认为我是异想天开或整天都在雨中摘花跳舞。我力求一种现实的平衡。我的工作可能非常艰难，而我还是会继续干下去。有时候，我的希望振奋了我的团队，让他们继续努力并坚持很长时间；而有时候，这只是让他们讨厌。轮班十二小时后我们去喝酒时，这可能让他们最讨厌。就好像我的希望席卷了每个人，而他们现在再也不想听到任何积极的事；他们只想抱怨这一天多么累。没错，我能理解。

希望的最佳运用：黄金法则

希望座右铭

"我很现实，对未来也充满乐观，并且感到自信。一切都会好起来的。"

想象一下

想象从今天开始往后的一年。将你自己看作一个快乐的、自信的、与他人相处融洽的人。想象自己在人际关系和工作中处于最佳状态。请注意刻画想象中的细节，并注意使其达到最佳状态。那或许与你今日的感受大不相同，或者说是自我发展的一种提升。感受这种希望——一年之内就可以达到的目标。反思一下在来年可以作为实现目标的途径的品格优势。希望优势可以帮助提升其他优势，以帮助你看到自己可以实现最好的目标。请注意希望是如何促进追求目标的热情和克服困难的毅力的。在这个过程中，运用发自内心的感恩和爱的力量。

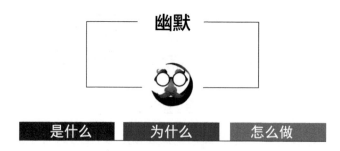

是什么 | 为什么 | 怎么做

关于幽默优势的知识

幽默意味着知道事情的有趣之处，并且向他人展示更轻松的一面。幽默在社会互动中是重要的润滑剂，有助于团队建设或团队目标的实现。其他优势对于达成特定目标或解决特定问题可能是必要的，不过幽默对于积极的社会互动来说很少是必要的组成部分。但它通常是一个理想的选择，也是应对困境的宝贵方法。

有趣是幽默的基础。幽默能识别出可笑的事物，也能打破不必要的严肃氛围。对真正幽默的人来说，能够做到自嘲与了解情况一样重要。幽默的更多好处在于，它赋予了困境以生机，引发人们关注生活中的矛盾，促使人们在绝望前保持乐观，引导人们建立更紧密的社会联系。

值得注意的是，似乎所有形式的情感障碍都包括丧失幽默。这意味着幽默不仅是缓解压力和促进问题解决的良方，还是心理健康的重要特征。幽默被称为"增值优势"，因为当它与其他优势结合起来的时候，会发挥更大的作用。例如，喜剧演员在舞台上讲笑话并没有什么值得称赞的，但是当幽默被用来减轻患有癌症的孩子或孤独的长者的心理压力，它就成为一种有价值的优势。

如果你非常幽默，你就可以通过温柔的调侃、有趣的评论、开玩笑或讲述有趣的故事来放松自己，但也不要仅仅关注你自己。他人希望你打破当下的严肃氛围，活跃气氛，或者对事物的相对重要性发表看法。有时，你被大家视为聚会中的焦点人物，但聚会中其他人的想法也同样重要。你知道，幽默地给出建设性的反馈意见是一件轻而易举的事，这是你的重要沟通方法之一。你可能已经注意到，你的幽默感在许多情况下具有感染力；在社交场合的适当时候，幽默可以照亮房间。

当处于幽默的最佳状态时，无论是在积极、消极还是无聊的情景下，你都会看到其中较轻松的一面，同时你会乐于将这种状态传递给其他人——有时是有趣的，有时是讽刺的，有时还会伴有一个构思巧妙的故事。

为什么幽默是可贵的

- 幽默的人在社交上对别人有吸引力。
- 幽默可以减轻人们的生活压力，减少日常生活的烦恼。
- 有幽默感的人会更健康。例如，笑有很多生理上的好处，包括增加血液的含氧量。
- 幽默有助于增加愉悦感，增强积极情绪，从而增进整体幸福感。
- 幽默会激发积极的社交沟通，并帮助人们以积极的方式评估情况。
- 幽默可以减轻社交焦虑，从而创造社交机会。

怎样激发幽默

反思

- 你是如何发起一场玩笑的？在不同情景下，你是如何因势利导的？

- 你认识的其他人如何表现幽默？在观察别人的玩笑时，你可以学到什么？

- 时机对于幽默至关重要。认识到什么时候不该幽默与认识到如何表现幽默一样重要。什么时候你幽默的时机不对？是什么导致的？

- 什么经验或情况促使你做出幽默的回应？

- 在日常活动中如何培养幽默感？

- 在你所有的人际关系中，你最爱和谁开玩笑？幽默如何塑造这种关系？

- 在什么情况下，幽默对于你和其他人建立联系构成了障碍？

发现优势

来认识一下23岁的工程师凯尔文。

我小时候很害羞，因此幽默对我的社交活动起到了很大的帮助。幽默是我认识其他人——陌生人、远亲，甚至是潜在的雇主的一种方式。当我申请进入研究生院时，正是幽默使我得以踏上正确的道路，因为我立即开始了解那里，并与那里的人们建立联系。他们认为我很有趣和合群。随着年龄的增长，我用幽默来结识大学里的人们。

它无疑帮助我交到了女朋友。如果我一直很羞怯，那么我可能永远不会和任何人约会！

另外，我为自己会讲笑话而感到自豪。我能迅速地思考，并且能够说出合时宜的讽刺或荒诞的笑话。当它使人们意想不到并突然爆笑出来时，我就爱上了它。这使我找到了自己擅长的领域。我认为幽默是一种智力。如果有人能让我发笑，并且让我印象深刻，我就会认为那个人很有内涵。另外，我尊重那些至少用一个笑话来努力让别人开心的人。即使我讲的一个笑话真的很糟糕，我的母亲也会说："我不敢相信你这么快就想出来了。"这提醒我，我宁愿在这种情况下寻找乐趣，而不是一直严肃。

行动起来

在人际关系中

- 与有幽默感的朋友或家人一起观看情景喜剧或搞笑电影。

- 在另一个人周围做一些自发而有趣的事情（如说些傻话，做鬼脸，或者讲一个有趣的故事或开玩笑）。

- 当你与他人间的关系出现问题时，可以尝试发现其中的积极一面。讨论并寻找一种适当的方式解决问题，带来希望和乐趣。

在工作中

- 如果你将笑容和笑声带入工作场所，你就在表达幽默的优势。你的笑声和笑容会传染。在一天的工作中，专注于开心的时刻。在一天结束时，确定幽默的频率是否恰好适合。

- 向你的一些同事发送有趣的（社交情况下合适的）视频。你可能要考虑同事的时间安排，如休息时间。

- 在工作中写一本幽默日记，写下每天发生的三件事（无论多么小），以及发生的原因。收集好这些后，与同事分享。

在社区中

- 想想社区中是否有孤独或被抛弃的人。将笑容和笑声作为礼物带给他们。

在内心深处

- 当发现自己对生活的态度过于严肃时，给自己一些幽默，然后大笑。让幽默填满你的生活。

────────────┤ **找到平衡** ├────────────

幽默运用不足

人们过于严肃的原因有多种。有些人因为感到不适或沮丧而不够幽默。有些人觉得幽默让人不舒服。有些人本身就是严肃的人，认为自己不擅长幽默，或者通常不会以幽默的眼光来看待情况。有些人认为在社交场合表现幽默是不合适的。

例如，你可能理所当然地认为幽默在沉重的葬礼上是不应存在的，又错误地认为你的老板一定不是幽默的人。幽默可以拉近人与人之间的距离，所以当你不信任他人或不想接近他人时，就会出现无法充分运用幽默的情况。

在某些情况下，有些人不太会注意到荒诞或其他形式的幽默。其他人则没有幽默感，因为他们对发挥这种优势的能力不自信。

幽默运用过度

过多的幽默会对他人造成伤害和贬低。许多喜剧演员很清楚聪明的幽默感和有辱人格的低级趣味之间的区别。在人际关系中，一个幽默风趣的人可能用幽默来尝试与某人建立联系，但误读这些线索，反而会冒犯他人或显得对他人漠不关心，进而导致负面的结果：关系的冲突或分离。在恋爱关系、同胞关系中，甚至在取笑女孩的男孩身上都可以很容易地看出这一点，因为他其实是喜欢她的，并希望得到她的关注。

幽默也是避免生活中出现问题和问题恶化的一种方式。有些人对于一个即将浮出水面的具有挑战性的话题特别敏感，然后聪明地开个玩笑将其转向。这些人可能让他们的亲密伙伴特别烦恼，因为幽默有时会以亲密伙伴欣赏的方式使用，但也会成为破坏关系的一个因素。

发现优势

36岁的店员阿瓦关于幽默运用过度有这样的分享。

我喜欢开玩笑，几乎能看到每种情况的有趣之处。仔细想想，可能有时候幽默是不合适的。我是一个会在葬礼上开玩笑的人。

如果人们不明白我在开玩笑，那可能有点尴尬。我想知道我的幽默是否阻碍了别人与我交流。人们可能对我产生不信任，或者因为这个原因认为我不成熟。我觉得他们可能认为我没有能力认真对待事情，可能看不到我对解决问题或处理问题非常有想法。

有些人不那么重视我，或者他们认为我对待事情不用心。我觉得很无力！我可以压制一些幽默感，但我觉得这是我对自己的一个重要部分的妥协。有时我也会提醒人们这一点，并解释幽默和笑声对我来说真的很重要。我认为要意识到幽默是重要的。

幽默的最佳运用：黄金法则

幽默座右铭

"我调皮地对待生活，让别人开怀大笑，在艰难而又压力重重的时期与幽默相伴。"

想象一下

想象一下，当你走进工作场所时，你的同事遍布工作区域，有的专注于任务，有的在彼此交谈，有的在喝咖啡。

你走到两个同事之间，与他们进行有趣的交谈。他们微笑着站在一起。你可以快速了解对话中的故事。你可能发表一些有趣的评论，并讲与他们所说的话有关的笑话。一群人笑了。你坐到办公桌前开始工作。一小时后，你给工作团队写了一封有趣的电子邮件，链接到一个视频，你知道团队会觉得很有趣。那天晚些时候，你遇到了一个同事，他看上去心烦意乱并压力重重。你认真倾听，并抑制在谈话中尽早使用幽默的冲动。当时机合适时，你分享了一个有关自己犯错误的有趣故事，这个同事听懂了这个笑话，然后大笑，此刻他似乎很高兴。当回到家中时，你立即表达了另一种幽默——滑稽和顽皮，因为你的孩子看到了你并冲上来准备和你做游戏。

关于灵性优势的知识

就像VIA分类中的许多品格优势一样，灵性的力量有许多方面，其中一些是意义、目的、生命召唤、对宇宙的信仰、美德/善良的表达，以及与超验相关的实践。研究者一直将灵性定义为寻找并联结"神圣"。"神圣可能是有福的、圣洁的、受人尊敬的或特别特殊的事物。"神圣可以是世俗的，也可以是非世俗的：追求神圣可以是追求生活目标，也可以是追求与更伟大的事物的亲密联结；在孩子的原谅，领导与下属之间的谦逊时刻，令人敬畏的日落，冥想或宗教仪式中的深刻体验或陌生人的自我牺牲的友善中，你都可能体验到神圣。作为一种品格优势，灵性涉及一种信念，即生活具有超越人类理解的维度。有些人没有将这种信念与神圣的概念联系起来，而是更倾向于从意义而非灵性的角度来反思它，但是在VIA分类中，这些术语被认为是紧密相关的。

在VIA分类中，灵性是指我们对自己在宇宙中的位置和存在目的及生命的意义具有连贯的信念。这些信念可以塑造我们与周围世界的关系、我们的人格，以及我们与他人的关系。灵性与我们在世界上的生存方式特别相关，它适用于日常体验，影响我们的行为和对最终意义的确定。这些精神信仰倾向于提供个人安慰。

即使对于那些信仰某些神的人，研究者也会将其信仰区分为灵性信仰和宗教性信仰。他们指出，灵性是指人类与超然力量之间的私人亲密关系（如上帝、更高的权力、神圣、自然、生命力、所有有知之物等）及由此产生的各种美德。灵性活动通常涉及沉思、冥想、祈祷、与大自然交往及其他活动。它包括一系列代表一个人在世界上的位置的信念和情感。宗教与一系列规定的信仰和仪式有关，通常包括参与公共和私人的崇拜活动，参与特定的仪式，阅读特定的书籍，还可能涉及上面列出的灵性活动。但一个人不必虔诚地拥有深厚的宗教性信仰；信奉宗教但并不将此作为自己的灵性信仰也是很普遍的。

当你处于灵性的最佳状态时，你是接纳和开放的，在追求善的过程中定期表达各种各样的美德，使用灵性意识与包括超然力量的所有事物联系，并且欣赏它们。

为什么灵性是可贵的

- 灵性，通过宗教性或意义感，提供了一种归属感，增强了乐观精神，并有助于提供生活的目的。这些反过来有助于整体幸福感的提升。

- 有灵性的人通常在身体和心理健康方面体验到益处，并且在面对挑战时有韧性。

- 自称有灵性的年轻人表现出更好的自我调节和学习表现，并且倾向于将世界视为一个整体。

- 灵性与避免冒险和遵守规则有关。

- 在家庭生活中，灵性与较低水平的婚姻冲突、更强的配偶支持度、更一致的养育方式及子女与父母之间更具支持性的关系相关联。

- 灵性也与许多品格优势联系在一起，包括谦逊、宽恕、感恩、善良、希望、爱和热情。从具体的行为类型来看，它也与同情、利他主义、志愿服务和慈善事业有关。

怎样激发灵性

反思

- 灵性或意义感在你的生活中起到了什么积极作用（关系、健康、成就或社区参与）？
- 你如何为自己定义灵性？
- 灵性如何与你的宗教习惯或宗教信仰产生联系？
- 灵性如何影响你与他人的关系？
- 在生活中充满挑战的时刻，灵性扮演了什么角色？
- 你的灵性表达的信念和行为会在你的生活中引起问题吗，如在人际关系中、工作中或其他地方？

发现优势

来认识一下24岁的社会工作者雅各布。

我喜欢按日程安排一些事情。在生活中，我喜欢秩序，宗教总是使我感到安全。就我的宗教而言，我是东正教犹太人。亲近上帝的想法让我感到安慰。

我的宗教信仰和灵性之间有一种有趣的互动。对我来说，它们不是同一回事。宗教是成为集体的一部分，但灵性有个性化的一面。你如何在一个寻求与上帝建立私人关系的世界中生活，但是同时你还希望与具有这种关系的其他人建立社交联系呢？你如何做到呢？也许这个挑战就说明了为什么今天有这么多人认为自己是"灵性的而不是宗教的"。

我确实在宗教中发现了很多灵性。作为集体的一部分与其连接，个人可能有很多美好的时光。实际上，我认为我会很自然地成为一个隐士，而我对宗教的兴趣是我与集体建立联系的一种方式。犹太教是一种特别的公共宗教。我天性内向，非常个人化，而宗教使我变得更加外向。从这个意义上说，它在很多方面都丰富了我。它迫使我走出舒适圈。

另一部分是我与宗教文本的联系。我发现阅读和反思宗教文本是一种高水平的精神联系。宗教文本给我带来了精神上的满足。我不喜欢上宗教学校，但有时我会阅读宗教故事中的某些内容，并以更深刻、更具灵性和更有意义的方式看到它，这对我意义重大。它实际上给了我目标。

行动起来

在人际关系中

- 你最亲密的关系有多神圣？与那个人讨论这个问题。

- 与你的一位亲密伙伴进行精神体验，可能是冥想、沉思、祈祷或一起进行特定的仪式。

- 为重要的事件或人生转变创建自己的精神仪式。你可能为孩子的出生或成年创建一个神圣的仪式，或者在每年的结婚纪念日通过关系仪式重述你的誓言。

在工作中

- 在你的办公桌上放置一个有意义的符号物体，它可以使你联想到生命的神圣性或反映你的灵性或宗教信仰。定期查看它，闭上眼睛，或者进行正念呼吸、祈祷或冥想，重复经文，或者只是重新考虑对你最重要的事情。

- 在工作中发现意义——考虑工作中最重要的事情及对他人的影响。停下来欣赏一下。

在社区中

- 想一个你所在社区的精神上的榜样。即使他的信仰和你有很大不同，你也可以发现他最好的品质和一种你可以从他身上学到的方法。

- 在你的社区中寻找一个神圣的空间，可以是一个宗教朝拜的地方，也可以是公园里的一处美景，甚至可能是一个陈列着让你感到有意义的东西的购物中心。待在这些地方，想办法让它们变得更好，并让其他人参与进来。

在内心深处

- 暂且停止与内心的神圣（内在精神）之间的沟通，回到恒久存在于内心的孤独感上。深呼吸，保持内在的宁静。

找到平衡

灵性运用不足

像所有品格优势一样，灵性是多维的。它指的是有意义、有目的、对生命相互联系的信念、以善良的美德生活、对更伟大的东西有信仰，和/或宗教信仰和实践。如果一个人在生活中缺乏这些，就是没有充分运用灵性。有些人可能觉得失落和没有意义，有些人可能觉得被某个特定的宗教背叛或失望，有些人对以任何方式与超验等抽象概念联系在一起都不感兴趣。请记住，我们并没有将无神论（或不可知论）等同于对灵性的运用不足。无神论者通常会将生活中的神圣事物联系起来，进而会发现一些事件对他们来说有更大的意义。在宇宙的钟灵毓秀、命运的神秘、关于人性的普遍真理，甚至数学的美中，他们都有可能找到深刻的意义。

虔诚地从事宗教活动的人们（每天参加礼拜并参加仪式）如果不刻意在日常生活中运用美德，可能就无法充分运用其灵性。

例如，一对夫妇每个星期天都参加教堂的礼拜，但他们在停车场里堵截其他司机，咒骂那些走路缓慢的人，然后互相大喊大叫。显然，他们并没有充分运用灵性（及其他优势）。

灵性的运用不足也可以在无意识的日常生活和日常活动中看到。在许多情况下，人们似乎对生活的某种意义或周围的事物没有任何了解。当有人指出，生命的珍贵可以在当下任何一个瞬间及任何一个日常活动中找到，这往往是一个警醒。

灵性运用过度

过多的灵性或宗教信仰的表达可能引起轻微的烦恼或强烈的不安。那些过度运用这种优势的人通常认为他们正在以慷慨和乐于助人的方式运用这种优势。其他人通常会认为对灵性的过度运用是布道、误导、无根据、自以为是或思想狭隘。在极端情况下，灵性可能陷入狂热之中，即一种将灵性强加于他人的倾向。对于灵性运用过度的接受者来说，这可能是一个常见的触发键，让他们感到被这个人激怒。这可能导致关系破裂，以避免受到灵性运用过度的压迫。

对灵性的过度运用可能反映出对宗教和灵性表达的多样性缺乏批判性反思和判断。灵性状态的最佳境界往往承认个人或宗教最终都无法与绝对真理联系在一起。这种认知可以表达出谦逊的优势，这种优势被许多宗教所重视。

灵性运用过度也有可能是过度追求意义感。有些人可能寻求意义，以至于他们看不到自己与他人的关系或责任。在某些情况下，这种人可能整天都期待神秘、超然或非常有意义的经历。如果没有这些经历，他们可能对寻找人生意义感到失望或愤世嫉俗。

34岁的书商伊莎贝尔·阿讲述了她关于灵性运用过度的故事。

我在一个宗教家庭里长大，我父亲是牧师。我的家人每周两次参加宗教仪式，并且在家庭生活中每天都有仪式。我们在处理所有问题，甚至在喜悦和悲伤时都使用拥有最终决定权的神圣文本和阅读材料。我一再被告知我应该与他人分享我的宗教信仰，并说服他们考虑类似的道路。当我在社区中干这件事时，我还很小。我记得大多数孩子只是觉得我很无趣或无视我。随着成长，我开始结识社区外的人。大多数人都想不到我的生活方式。我总是被告知，自己的生活方式将使我满意并回答我所有的问题。但是当我真正对自己诚实的时候，我意识到这是不够的。有人告诉我不能说"还不够"。但事实并非如此。

我开始倾听别人如何表达他们的宗教或精神观点。我挑战了我的信念。我从小就没有拒绝所有的信念，但是从精神的角度来看，我已经成熟并成长了。我觉得自己思想开放，接受别人的观点。实际上，我现在更关心所有人。

灵性的最佳运用：黄金法则

灵性座右铭

"我感到有灵性，并且相信生活中的目的或意义；我看到了我在宇宙大格局中的位置，并在日常生活中找到了意义。"

想象一下

无论你是宗教信仰者，还是灵性信仰者，或两者兼而有之，都可以想象在生活中建立更多的灵性优势。你认为在日常生活和人际关系中寻找和体验意义特别重要。你有支持人生旅程的信念，以及你和其他人如何适应生与死的大计划。你认为自己专注于生命中每一刻的神圣。你做冥想、瑜伽、祈祷，阅读精神文本，做简单的冥想类的练习，以便与你内心的神圣事物更深入地联系，与他人更深入地联系，以及与"更大的事物"更深入地联系。使用所有24种品格优势，包括但不限于感恩、希望、热情、爱和善良，为促进世界更美好做出贡献。

🧩 小结

本部分为你提供了多种了解品格优势的方法。不断增强自己的品格优势并不像学习骑自行车——一旦学会，便掌握了它。相反，这是一个持续的旅程。你可以学习，挑战自我，进行实验，讨论并发挥自己的优势。你可以将它们带入生活中的每种情景，从处理与亲人紧张的争论，到坚持工作或帮助清理社区的公园。不管是日常小事（如刷牙）还是令人激动的大事（如攀登险峰），你的品格优势都会体现出来。不管是积极的经历（如和老朋友一起喝咖啡）还是消极的经历（如失去亲人），你的品格优势仍会体现出来。

它们就在那里，让你一生中的每一刻都可以使用它们。当你阅读这些文字时，它们就在那里，而且，当你考虑在生活中采取下一步行动时，它们还在那里。

接下来的第三部分讲述了"优势建构计划"，这是一个易于实践的计划，分四个步骤进行，以发挥你的品格优势。这将帮助你从当前水平发展到更高水平，将你的知识和实践提升到一个新的高度！

优势建构计划

增强你的品格优势：一个"四步走"计划

本书的第一部分介绍了品格优势的VIA分类，第二部分详细地论述了每个品格优势。现在我们来到了第三部分，在这个部分，我们将介绍以调查研究为基础的优势建构计划。这个计划将帮助你建立起一个优势训练机制，使你的品格优势提升到一个更高的水平！

关于如何培养并增强你的品格优势，优势建构计划借鉴了相关领域内的最新研究。它将帮助你把本书第一部分和第二部分中的概念、案例和研究转化为日常的、可持续的实践。我们的目标是利用品格优势去创造更加美好的生活。要想茁壮成长，我们就需要最大限度把握住机会，从逆境中学习并克服逆境。这就意味着当你在处理困境时，你也在创造学习机会和积极的经验。这个"四步走"计划将帮助你最大限度地利用你最优秀的内心品质：你的品格优势。

第三部分中的这些练习以各种各样的形式，在全世界范围内，由成千上万参加过相关的研习班、讲座、远程课程等的人们分享，并得到了非常积极的反馈。我们亲眼见证了这些或与此类似的涉及品格优势的练习所带来的诸多益处。

优势建构计划是一种新的自我关怀的方式。它为你提供了一条促进自我支持的道路。我们会证明，这种提升品格优势的方式有可能像其他因素一样（如健康的饮食、高质量的睡眠和规律的锻炼），有助于你保持身体健康，帮助你更加幸福快乐。这些品格优势有助于培养个人幸福感，从而在生理、心理、情感、社会和精神层面对你起到积极的影响。这是一种可以在社会层面快速传播的幸福感。

每个步骤都是围绕一个特定的活动构建的。利用品格优势走向成功是一个实践问题。这是你自己的练习。当然，我们并不是说，你会运用品格优势来达到完美的境界；我们是说，你越用心地练习使用品格优势，你运用品格优势时就会越自然。这样，训练你的品格优势和练习弹吉他或弹钢琴、练习打篮球或踢足球、练习瑜伽或冥想，以及保持规律的运动并没有什么不同。坚持四个步骤的练习，持续把它们付诸实践，你不仅将走上迈向成功的道路，也可以创造一种可持续的生活方式。遵循品格优势建构计划的四个步骤——每周一步，你将会通过发现和探索来创建你的品格优势实践，并且以激动人心的新方法来使用品格优势。这四个步骤是：

（1）认识和欣赏他人的优势。

（2）探索和利用你的独特优势。

（3）在生活的挑战中运用优势。

（4）让优势成为一种习惯。

跟踪你的进度。在每个步骤中，本书都留有空白，以便你写下对于相关主题的见解和经验。在描述、示例和初步探索之后,你会在每个步骤的结尾处看到一张跟踪表。这是记录你的日常活动,包括品格优势运用活动的重点部分。我们强烈建议你在每个步骤都写下自己的想法,而不是仅仅停留在反思层面。你可能发现,稍后追溯你写下的内容会起到很大帮助。有时重新阅读以前写下的信息,会触发各种各样的关于品格优势的新想法。

按自己的节奏走。尽管我们预计每步都需要一周,共历时四周,但这个过程是由你自己主导的。你的日程安排,你正在做的其他事情,以及你已有的洞察力,决定了你是否想要在某个特定的步骤花费额外的时间。当这些步骤按照顺序完成时,回报便会接踵而至。但是,在向前推进的过程中,你可能想用新的视角回溯以前的练习,或者使练习更加深入。记住,增强你的品格优势是一段旅程,而不是终点。你需要慢慢学习,慢慢成长,并确保自己乐在其中!

考虑与伙伴合作。毫无疑问,个人的成长和行为的改变得益于他人的支持。与朋友、家庭成员或同事一起参与优势建构计划,这很可能增强你的责任感,提高制订计划和执行活动的能力。当然,如果你喜欢的话,单独行动对很多人来说也很有效。

许多参与了优势建构计划的人会想帮助其他人,如他们的家庭成员、朋友、客户、病人、学生和员工。这确实是一个很好的方法,可以帮助其他人发挥自己的优势,提升幸福感,克服压力,战胜生活中的挑战。但对于那些具有重大的心理健康问题或其他严重问题的人来说,这并不意味着要取代心理健康、医学或专业辅导人士的帮助。在这些情况下,还是应该首先考虑专业人员的帮助,但是优势建构计划可以作为一个强大的外部支持与专业人员讨论。

首先，进行VIA调查：如果你还没有这样做，在开始此项目之前，请在VIA网站完成VIA调查。在你进行每个步骤的时候，请把免费获得的调查结果放在手边。

当你用心参与优势建构计划时，请一定要回顾本书的第二部分，以获得支持24种优势的其他见解和活动。

让我们开始吧。

认识和欣赏他人的品格优势

[第1周/第1步]

有效利用品格优势的第一步是观察他人的品格优势。我们把这个练习称为"优势识别"。这意味着你要积极地、有规律地寻找身边人的言行举止所蕴含的优势。大多数人都意识到，在别人身上发现优势比在自己身上更容易。当你和他人分享你所观察到的东西时，这对观察者和接受者来说都是一次简单而充满活力的经历。它以一种积极和强化的方式阐述了你的优势训练之旅。这就是为什么第一步是从寻找自身以外的优势开始的。

优势识别在很多方面都有帮助。首先，它会让你更加了解别人的优势，以及人们每天是如何使用这些优势的。其次，它将帮助你建立"优势词汇"，即识别和描述优势的能力。再次，它会帮助你更加欣赏别人的优势。你可能更多地称赞别人的优势，当你看到别人展示自己的优势时，你会指出这些优势，并帮助他们认识到这些对他们来说最重要的优势。这些行为可能改善你与那些对你很重要的人的关系。在以后的练习中，你将运用同样的工具来识别、欣赏和增进自己的优势。当你越来越流利地使用这种优势的语言时，你会变得更擅长看到自己和他人的最优秀的品质。这是促使你发挥优势的第一步。通过标记这些优势，你会更加意识到自己的优势。

第1~2天：在大众媒体上发现优势

我们每天都会花费时间注意各种媒体：电影、电视、书籍、网络。在并不认识的人身上寻找优势能帮助你更容易地培养好习惯。而且，你很快就会发现，在你周围的任何人和任何地方，品格优势都可以找到！

在本周的头两天，考虑一下你目前的兴趣。你最近正在看什么电视剧呢？你现在正在阅读什么小说或纪实文学的书籍呢？也许你看到了一个电视新闻主播，一个游戏节目主持人，一个你订阅的很受欢迎的博主，一个角色（漫画的或小说的），或者一个你或你家人仰慕的名人。请选择一个角色或一个人，并从24种优势中列出至少两种他们最突出的优势。然后请写出你发现每种优势的理由。换言之，你有什么证据表明这个人或角色身上有这些优势？

第3~7天：发现和欣赏他人的优势

你在大众媒体上识别优势的练习将为更重要的事情奠定基础：在你的人际关系中发现优势。

许多科学家认为，积极的人际关系是提高幸福感的最重要因素，甚至有证据表明，随着年龄的增长，积极的人际关系是延长预期寿命的最重要因素。你对他人的品格优势的认识可以极大地帮助你建立、维持和加强有意义的人际关系！在本周剩下的时间里，请注意观察其他人的优势。练习发现与你互动的任何人的品格优势：你的家庭成员、亲密伙伴、孩子、邻居、主管、同事、队友、其他同学、志愿者同伴或小组成员（甚至社交媒体联系人）。你可能注意到邻居在打扫楼道，他们每天早上都会兴致勃勃地这样做，你可以明显地从他们的行为中看到毅力或热情。你可能听到你的同伴汇报他们如何安排工作日，在他们的话中，你可能看出领导力、团队合作、审慎、毅力、自我规范或判断力。也许你的孩子跑到你跟前咯咯地笑着，指出你身上那件咖啡色衬衫没扣扣子，这会让你想到他们是如何用幽默来和别人建立联系的。每天至少观察一个人。聆听他们的故事，注意他们的行为，并注意他们在处理一天事务的过程中所展现的优势。至少要列出他们运用的两种品格优势，以及支持你的观察的证据。然后更进一步地向他们表达你对他们运用优势的欣赏之情。要表达欣赏之情，就要考虑一下你为什么钦佩他们身上的这些优势，为什么它对你有价值，或者说它如何对你或他人产生积极的影响。考虑一下优势的运用是否会激励你，吸引你，或者帮助你与他人建立联系。也许你欣赏这种优势是因为它有助于建立一个更强大的团队、社区、公司、课堂或家庭。

这里有一个表达欣赏的例子："我在你身上看到了希望的优势。你很快就扭转了紧张的局面，把它变成了一个团队将有光明未来的积极的故事。我真的很看重你的优势。它激励我们所有人在困难的时候变得更有韧性。谢谢。"非言语表达的欣赏可能包括拍拍后背或握手。

第1周的跟踪表如表3-1所示。

表3-1　第1周跟踪表

第1周 第1步	品格优势：你在观察谁？你在那个人身上观察到什么样的优势？（最少两个优势）	描述：为你正在观察的优势给出原因/解释	欣赏：你将如何向对方表达你重视他们的优势
第1天：在大众媒体上发现优势			
第2天：在大众媒体上发现优势			
第3天：发现并欣赏他人的优势			
第4天：发现并欣赏他人的优势			
第5天：发现并欣赏他人的优势			
第6天：发现并欣赏他人的优势			
第7天：发现并欣赏他人的优势			

探索和利用你的独特品格优势

[第2周/第2步]

请查看你在完成VIA调查后收到的免费调查报告。这个个性化的列表展示了由高到低列出的24种优势。有很多方法可以检验你的结果。让我们把优势分为以下三大类。

1. **标志性优势**。这是你的最高水平的优势，以"3E"为特征。它们可能是最富有能量的，对你来说易于使用，并且它们对于解释你是谁是至关重要的。就像你的个人标志一样,这些标志性优势是你身份的核心。它们造就了独一无二的你。虽然标志性优势的数量因人而异,但一般的经验法则是你的前5个优势。实际的数字可能是4~7。

2. 水平较低或次要的优势。 这是你的排名靠后的5个优势。这些不是你的弱点,它们可能是你没有付诸很多练习或没有给予特别注意的优势。

3. 中等或支持性的优势。 这些是位于中间位置的14个左右的优势。它们为你的其他优势提供了支持。

为自己的次要优势感到烦恼是很正常的(它们也是很吸引人的)。重要的是要记住VIA调查测量的是你的优势。次要优势的分数越低,就意味着你对这些优势的依赖越少,它们并不是个人的弱点。考虑这些次要优势的一种方法是将其视为可以灵活运用的要素。这些要素很少受到你的关注,或者对你的生活方式来说,这些要素可能不像其他优势那么重要。

检查一下自己身上的次要优势,并考虑是否要增强它们。然而,研究表明,我们花费时间去理解、欣赏和表达我们最突出的品格优势会产生最大的益处。事实上,最近的研究表明,更多地利用你的标志性优势会带来更大的幸福感,并减少抑郁。在下一步,我们将重点关注标志性优势。

准备好挖掘你的标志性优势了吗?请花几分钟来理解和反思每个标志性优势。重读第二部分中关于你每个标志性优势的部分。想想你的优势与你本身的联系,你的每个标志性优势是如何在你的日常生活中展现出来的。记住"3E"特征。问问你自己,运用这种优势的时候多么充满能量,它们运用起来多么容易,以及它们对于你是谁而言多么重要。

每种优势都有三个问题需要探究。第一个问题有助于你理解每个最突出优势的"标志性"。它可以使你确认、认可、欣赏，并且积极接受关于你是谁的这方面。第二个问题有助于你将标志性优势和价值观、人际关系、生活目标和/或个人目标联系起来。第三个问题让你看到，运用这些优势的结果并不总是积极的：有时可能物极必反。通过反思运用这些优势的潜在代价，你开始理解可能过度运用它们的情况。

我们为你提供了填答空间，以便让你针对标志性优势回答这些问题。你可能发现，针对其他优势提出同样的问题也是有帮助的。这种探索有助于培养对自己最好品质的更深层次的洞察和欣赏。

品格优势1：＿＿＿＿＿＿＿＿＿＿＿＿＿＿＿＿＿＿＿＿

这种品格优势如何描述真正的我？在哪些方面这是对我的真实描述？

＿＿＿＿＿＿＿＿＿＿＿＿＿＿＿＿＿＿＿＿＿＿＿＿＿＿

＿＿＿＿＿＿＿＿＿＿＿＿＿＿＿＿＿＿＿＿＿＿＿＿＿＿

这种优势对我来说具有怎样的价值？为什么它对我很重要？

＿＿＿＿＿＿＿＿＿＿＿＿＿＿＿＿＿＿＿＿＿＿＿＿＿＿

＿＿＿＿＿＿＿＿＿＿＿＿＿＿＿＿＿＿＿＿＿＿＿＿＿＿

这种优势对我来说代价是什么？它在哪些方面对我不好？

＿＿＿＿＿＿＿＿＿＿＿＿＿＿＿＿＿＿＿＿＿＿＿＿＿＿

＿＿＿＿＿＿＿＿＿＿＿＿＿＿＿＿＿＿＿＿＿＿＿＿＿＿

品格优势2：＿＿＿＿＿＿＿＿＿＿＿＿＿＿＿＿＿＿＿＿

这种品格优势如何描述真正的我？在哪些方面这是对我的真实描述？

＿＿＿＿＿＿＿＿＿＿＿＿＿＿＿＿＿＿＿＿＿＿＿＿＿＿

＿＿＿＿＿＿＿＿＿＿＿＿＿＿＿＿＿＿＿＿＿＿＿＿＿＿

这种优势对我来说具有怎样的价值？为什么它对我很重要？

_____

_____

这种优势对我来说代价是什么？它在哪些方面对我不好？

_____

_____

品格优势3：_____
这种品格优势如何描述真正的我？在哪些方面这是对我的真实描述？

_____

_____

这种优势对我来说具有怎样的价值？为什么它对我很重要？

_____

_____

这种优势对我来说代价是什么？它在哪些方面对我不好？

_____

_____

品格优势4：_____
这种品格优势如何描述真正的我？在哪些方面这是对我的真实描述？

_____

_____

这种优势对我来说具有怎样的价值？为什么它对我很重要？

_____

_____

这种优势对我来说代价是什么？它在哪些方面对我不好？

_____

品格优势5：＿＿＿＿＿＿＿＿＿＿＿＿＿＿＿＿＿＿＿＿＿＿＿

这种品格优势如何描述真正的我？在哪些方面这是对我的真实描述？

＿＿＿＿＿＿＿＿＿＿＿＿＿＿＿＿＿＿＿＿＿＿＿＿＿＿＿＿＿

这种优势对我来说具有怎样的价值？为什么它对我很重要？

＿＿＿＿＿＿＿＿＿＿＿＿＿＿＿＿＿＿＿＿＿＿＿＿＿＿＿＿＿

这种优势对我来说代价是什么？它在哪些方面对我不好？

＿＿＿＿＿＿＿＿＿＿＿＿＿＿＿＿＿＿＿＿＿＿＿＿＿＿＿＿＿

现在是时候来到下一个层次了。研究一再表明，发挥你的品格优势才是提升幸福感的关键。发挥品格优势可以使你获得最大的利益，并且更有可能获得成功。换句话说，不要仅仅停留在大脑反思层面，积极地行动起来吧！

那么你要怎么做呢？许多研究表明，采取行动的一个有效手段是每天以新的方式运用标志性优势，以扩大你的标志性优势的运用范围。你可能习惯于为家人做一些善事，但为同事做一些善事对你来说可能是新的尝试。也许你的好奇心在你尝试新食物或到新地方旅行时就已经显现出来了，但当你在生活中向人提问时却很少用到它。能够利用标志性优势的新方式实际上是数不胜数的。

第1~2天：反思过去对于标志性优势的运用

在回答了前面关于标志性优势的问题之后，为了更好地了解你的标志性优势，请用接下来的两天反思一下你过去是如何利用标志性优势的。考虑一下最近几周内，你运用了一个或多个标志性优势使当时的情形变得更好的情况。也许你在早上的例行公事会议中用幽默来装傻，让自己轻松了一天；也许你把社交智能带到了团队会议中，这让你做出了很好的贡献。一定要考虑你的优势是如何使你和/或他人受益的。也许你感觉到和某人的联系更加紧密，感觉到自己的情绪更加积极，或者注意到你周围的人更加专注于他们正在做的事情。

第3~7天：以新方式运用标志性优势

在本周剩下的时间里，每天通过以一种新的方式使用自己的一个标志性优势来挑战自己，不管它有多么微小。想想你如何在生活中经常使用标志性优势：你如何扩展它，将它引导到一个新的环境中，或者对一个"新"的人使用它？你能用它来提升你的其他优势吗？例如，如果你在毅力方面有问题，试着用社交智能去说服别人帮助你坚持完成一个项目，或者用希望激励自己坚持下去。

另一个可能的途径是运用优势的不同方面（思考品格优势的定义以获得新的想法）。例如，如果你倾向于表现善良的"美好和友好的"部分，就请反思如何通过慷慨大方向他人释出善意，或者通过表达深切的同情，或者仅仅通过赞扬某人来表现善良。如果幽默是你的标志性优势之一，你可以通过在新的环境中或与一个新的人（如杂货店的收银员）一起寻找幽默来扩大使用范围，或者你可以考虑运用幽默的不同方面。例如，你以前可能从来没有用幽默来缓解紧张的局面，或者让害羞的人感觉更舒服。

绝大多数人都会在一周内坚持练习同样的标志性优势，但如果你决定改变你所聚焦的标志性优势，从而为自己提供新的领悟，也是可以的。

第2周的跟踪表如表3-2所示。

表3-2 第2周跟踪表

第2周 第2步	品格优势：你在关注什么优势	描述：在某种情况下你是如何运用标志性优势的	益处：运用优势对你或他人有什么益处
第1天：反思过去对于标志性优势的运用			
第2天：反思过去对于标志性优势的运用			
第3天：以新方式运用标志性优势			
第4天：以新方式运用标志性优势			
第5天：以新方式运用标志性优势			
第6天：以新方式运用标志性优势			
第7天：以新方式运用标志性优势			

在生活的挑战中运用品格优势

[第3周/第3步]

尽管我们的初衷是专注于优势，但我们的思维很快就会被挑战、困难、问题和冲突打乱。有时我们可能被自身的问题和坏习惯所困扰。我们很少会想到利用标志性优势来帮助自己，但我们可以经常利用标志性优势把自己带回平衡状态，并为我们面临的挑战提供一个崭新的视角。

本周的重点是运用优势，尤其是你的标志性优势，来应对生活中的挑战。

在瞄准当前生活中的挑战之前，请花些时间来回顾过去成功处理问题的经历，无论你当时是否知道你的品格优势都是什么。你可以看清自己。

说出你过去成功克服或解决的问题、压力或冲突。这可能是一个月前或一年前的问题，可能是大问题也可能是小问题，但最重要的是，这是你彻底解决和克服的问题。请在此描述：

_____

_____

回顾那段时间，你利用什么品格优势来应对或解决这个问题？你内心深处是什么在帮助你解决问题、应对问题并坚持下去？在给出回答之前，你可能需要仔细地回顾一下24种品格优势及其定义。写下你挖掘的主要的品格优势及你运用每种品格优势的方式。我们已经为3种品格优势提供了空间，但你可以任意添加更多。事实上，我们鼓励你反思在那种情况下你所利用的尽可能多的品格优势。

品格优势1：_____
你是如何利用这种优势来应对这一挑战的？

_____

_____

品格优势2：_____
你是如何利用这种优势来应对这一挑战的？

_____

_____

品格优势3：_____

你是如何利用这种优势来应对这一挑战的？

_____

_____

本周将进行两项活动。这一周的大部分时间都将花在利用你的品格优势解决日常生活中的麻烦、挑战和冲突上。在本周结束时，重点将转向利用自己的优势为他人带来好处。

第1~5天：运用优势应对挑战

每个人每天都会经历各种各样的麻烦事。想想你每天面对的挑战和麻烦事：晚餐吃得过多，洗碗，和讨厌的同事聊天，学习演奏乐器，在车流中驾驶，和配偶争吵，感觉无聊。如果你很难想出挑战，想想什么会让你懊恼、沮丧、恼怒、失望、紧张、内疚或悲伤。这些感觉中的每种可能都与你在这个练习中思考的特定情况有关。下一步是考虑如何利用自己的一个或多个标志性优势来应对当天的挑战。当你运用自己的优势采取行动时，你需要提醒自己，你的优势是为了给体验注入活力，甚至让它变得更容易管理和更有趣。

第6~7天：运用优势帮助他人应对挑战

品格优势不仅对你有益，而且对别人有益。在最后两天，你要考虑如何利用标志性优势来帮助其他面临挑战的人。那么你要怎样利用自己的优势去帮助别人？想想你认识的正面临挑战的某个人或某个团体。想想如何利用你的标志性优势来帮助他们更有效地应对挑战。

这项练习可能涉及走出舒适区，使你在帮助别人的过程中感受到紧张、压力或不确定。伴随这种紧张，你可能注意到那些通常在为他人做好事的时候才能感受得到的积极的情绪和感觉。

第3周的跟踪表如表3-3所示。

表3-3　第3周跟踪表

第3周第3步	使用场景：你在什么情况下运用了品格优势	品格优势：你运用了哪种品格优势	描述：你是如何运用自己的优势来克服/应对挑战或帮助他人的	益处/结果：你或周围的人由于运用优势而发生了什么改变
第1天：运用优势应对挑战				
第2天：运用优势应对挑战				
第3天：运用优势应对挑战				
第4天：运用优势应对挑战				
第5天：运用优势应对挑战				
第6天：运用优势帮助他人应对挑战				
第7天：运用优势帮助他人应对挑战				

让品格优势成为一种习惯

[第4周/第4步]

请通过总结评估你目前为止所取得的进展来开启第四周。看看在过去三周里你的品格优势概述和你的领悟。欣赏你迄今为止取得的领悟和改变。在过去三周里，你已经提高了自己发现和欣赏别人优势的能力，在你自己身上能更清楚地看到标志性优势，并在顺境或逆境中运用它们。很有可能你已经准备好把自己的优势培养成习惯！

这三周以来，你觉得最突出的是什么？你最想建立或改变的是什么？把你想要达成的目标列成表格，包括提高你的优势意识和运用能力。当你思维紊乱的时候，不要退缩，也不要判断会突然出现什么！想想你的24种品格优势。以下列出了一些可能性。

- 你可能看到一个更经常运用优势的目标。例如，当你想吃零食时，你可能决定更多地运用自我规范来做出更明智的食物选择。

- 你可能看到一个以不同的方式运用某种优势的目标。例如，你可能意识到你从来没有以幽默的方式来处理你和伴侣之间的问题，或者在超市里用宽恕来减轻沮丧。

- 你可能看到一个将一种优势与另一种优势结合使用的目标。例如，在运用领导力的过程中，你可能认为，当你不同意的时候，审慎行事有助于使下属的反应不那么强烈。

- 你甚至可能看到一个会让你少用一些优势的目标。例如，你可能觉得你在冲突情况下运用了太多的幽默，或者你太容易宽恕别人，这破坏了你保护自己的能力。

请确保考虑到你生活的各个方面——健康、人际关系、精神/意义等。想象一下，你反思的每个目标都会有一句以"我想……"开头的话。

———————————————————————————

———————————————————————————

一旦确定了一个或多个目标，你就可以使用"目标实现技术"来为你的目标铺平道路。目标实现与目标预测与你追求目标时可能出现的机遇和障碍有关。有没有什么可能发生的事情会让你的目标更容易实现，或者更难实现？目标实现技术是"如果"计划，它预先说明当你朝着目标前进时，如果好事或坏事出现，你将如何应对。例如，假设你正朝着一个关于运用更多创造力的目标努力。你预料到的一种可能性是，同事会拒绝你的创造力运用。在这种情况下，你可能制定以下实现意图。

- 如果我因为有人拒绝我的创造力运用而感到沮丧（障碍），那么我会提醒自己，诚实、确切地表达自己是件好事。

假设你知道工作中一个新的项目可能很快就要开始了，并且这个项目将给你一个以一种新的方式发挥创造力的机会，你制定的实现意图则可能是这样的。

- 如果我偶然听说这个项目正在筹建，那么我会勇敢地问同事我是否可以为它做出贡献，并且我会利用社交智能来反思如何最好地向他们陈述我的具体情况。

我们鼓励你去做的是，想一想你在实现任何目标的过程中可能遇到的障碍，然后想想哪些优势可以帮助你克服这些障碍。类似地，想一想能让你朝着目标前进的可能的机会，然后想想哪些优势可以用来帮助你充分利用这个机会。这些实现意图既可以帮助你克服可能阻碍你实现目标的障碍，也可以利用那些你可能错过的机会。

第1~7天：基于个人优势达成目标的活动

在最后一周，选择一个你之前头脑风暴过的以优势为导向的目标作为本周的焦点。每天，你都会参与一项有助于实现目标的活动，并在实现目标的过程中向前迈进一步。例如，假设你的目标是花更多的时间和家人在一起。第一天，一项以目标为导向的活动可能是利用你的好奇心，找出每个人最喜欢的集体活动是什么；第二天，活动可能是用爱去倾听和与每个家庭成员交流；第三天，你可能运用领导力为大家安排一次旅游。

对于每项日常活动，你应该想到可能遇到的阻碍，可能出现的机会（如果），以及你如何利用品格优势应对障碍和抓住机遇（那么）。请注意，你可能在一周内做不止一次相同的活动。当你追求目标的时候，可以把这个实现意图的清单随身携带。当你为当天的活动做准备时，把它重读一遍，以确保当障碍和机会出现时你已经做好了准备。如果你遇到一个意料之外的障碍或机会，请不要太担心，因为这是不可避免的！但是，既然你正在从实现意图和优势的角度来反思，你就能够更好地处理这些意外和特殊情况。

到本周结束时，你将会很顺利地运用优势建立一个日常习惯。你可能已经准备好选择另一个目标，或者继续同一个目标，或者对过程进行一些调整。坚持住！你正走在一条具有无限可能的道路上，在实现人生目标的过程中取得有意义的进步。

第4周的跟踪表如表3-4所示。

表3-4　第4周跟踪表

我的品格优势目标

这周，我想要＿＿＿＿＿＿＿＿＿＿＿＿＿＿＿＿＿＿

第4周 第4步	活动：今天你将为目标采取什么行动？何时？何地	障碍：什么可能阻碍我们	机遇：可能出现哪些积极的机会	你的回应：你会用哪种品格优势来回应每个"可能"
第1天				
第2天				
第3天				
第4天				
第5天				
第6天				
第7天				

　　我们已经向你介绍了一种新的反思你自己、你的生活和他人生活的方式。很多时候，我们关注自己的过错和缺点，以及别人的缺点。基于品格优势的方法为我们反思生活中的挑战和乐趣提供了一个令人兴奋的新视角。我们可以将挑战看作更好地利用优势的机会，而不是仅仅专注于克服弱点。你是一个有优势的人。你有关于品格优势的大量潜力可以激发。你可以自己欣赏和赞美它们。你可以积极地影响生活中的重要人物。你可以利用这些优势来达成你为自己设定的目标。优势建构计划旨在帮助你开启优质人生旅程。我们希望这段旅程能帮助你茁壮成长，寻找新的适应力来面对生活中的问题，并发现许多积极的快乐。

我最大的优势——爱与希望推动着我。它们体现在我的教学中，与客户和同事的合作中，特别是与家人的相处中。爱是使我与他人连接的动力，它促使我开阔胸怀，欣赏全人类。希望则是引导我珍惜当下，并为将来更好的发展而奋斗的动力。当我追着我的三个年幼的孩子到处跑，并且试着品味他们说的或做的每件事时，这两种优

瑞安·涅米耶克

势尤为明显。当我的孩子开关电灯，欢呼"是我干的"的时候，或试着独自穿鞋，喊着"爸爸，你别管"的时候，我表现得就像他们都是世上第一个这么说、这么干的人。而当我考虑将来在品格优势方面工作的诸多可能性时，正是希望的力量让我找到了众多方法，让人们可以利用这些优势，并看到人性的美好。

我最明显的优势可能是好奇心和诚实。我会问很多问题，并尽我所能去探索世界。我是一个不断追求新经验、去新地方旅行、尝试新食物和收集新收藏品的人。当我去新的国家时，我总会试图在合理范围内尽可能地接近野生动物，以得到充分的体验。同时，诚实是我不可或缺的一部分。我妻子有时候叫我"忏悔者"，因为我太实话实说了，就好像我在说额外的信息来提供全部的真相，或者我正在深入地进行自我披露。这不是因为我不够聪明，无法掩盖真相，而是我选择不去那么做：我觉得那样对他人而言是不公平的。我知道，完全坦诚

有时会有风险，让我陷入尴尬，但我相信人们有足够的力量去接受真相，他们值得被这么对待（这里我的公平优势也出现了）。我希望在大多数情况下，在运用诚实和公平的同时，我也运用了爱和希望，而使得我没有冒犯别人。

欣赏美和卓越是大多数人都不了解的我的品格优势，它不表现在我的外表、开的车或银行存款中。它体现在我在小事、在黑暗处、在平凡事物中的发现。我可以敬畏一片树叶或一只昆虫，也可以被电视节目中某人的一个善意举动感动得流泪，还可以为一棵树的轮廓或天空中的云朵图案而惊叹。

瑞安·涅米耶克博士是VIA品格研究所的教育总监、宾夕法尼亚大学的年度讲师、泽维尔大学的兼职教授。他的著作有《正念与品格优势》、《电影中的积极心理学》和《品格优势干预》。他是一位屡获殊荣的心理学家，也是国际积极心理学协会的会员。

第一次看到自己的标志性优势时，我有点惊讶。我一直认为自己是一个很聪明的人，在我的期望中，智慧类的优势会排在前面。因此，好奇心是我的第二大优势，这并不奇怪。但让我感到困惑的是，我发现，勇敢位居我的优势榜首，诚实是第三位，热情是第五位。四个勇气类的优势中有三个出现在我的前五位品格优势中！对此，我一开始真不知道该怎么看。

罗伯特·麦格拉斯

我从来没有冲入燃烧的大楼里去救人，也没有去过战区。不过，当我思考这个问题时，我意识到，我生命中经历的成长，无论是个人的还是职业的，有很大一部分都来自我所冒的小风险。回顾过去，我发现我经常做一些当时我并不觉得勇敢的事情，但这些事情是大多数人都不会做的。在一个并不那么重视教育的家庭里，我很早就决定要成为一名心理学家，从那之后我就从来没有动摇过。我不是天生会仔细观察自己的那种人，但当我意识到自己作为一个人有需要努力的地方时，我就真的致力于审视自己是什么样的人，想成为什么样的人。我想，这个过程在四十年后仍在继续，它帮助我对自己的优点和缺点有了更客观的认识。我认为它还帮助我成为一个比原本的我更有爱心和同情心的人，一个更好的父亲和更好的伙伴。

我也开始意识到，在我的职业生涯中，我比大多数人接触到更多的东西。如果我认为有一个令人不舒服的问题需要解决，我就会去解决它。不久前，一位同事对我说："你真的很擅长打开局面。"我有过很多次去联系一些人的经历，有些人甚至我之前从未见过，我联系并告诉他们为什么他们应该和我一起做一个项目。令人惊奇的是，这些联系往往会有回报。最近，我在向我所在大学的一位行政人员道歉，说我正在尝试做一些大学里没有人做过的事情，这给他的办公室带来了麻烦。他的回答是："你总是比这里的其他人早出手。我希望有更多像你这样的人。"我仍然觉得，自称勇敢听起来太戏剧化了。话虽如此，VIA帮助我看到了冒险是我个人的一部分（尽管我在承担风险时相当谨慎——我不会去蹦极！）。

有助于我从这些风险中得到回报的优势是自我规范，它跻身于我的前五名优势中。我对这一点特别自豪。当我下定决心要做某件事时，无论付出什么代价，我都会坚持到底。人们因此信任我，这也是我职业道德的核心部分。我曾让我的学生讨论他们认为我的标志性优势是什么，他们总会列出自我规范。这也是别人看我及我看自己的一种方式。

罗伯特·麦格拉斯博士是费尔利·迪金森大学心理学学院的教授兼主任。他是VIA品格研究所的两位资深科学家之一。他也是美国新泽西州东北部服务不足者综合护理机构的主任，这是一个由政府资助的项目，为初级保健系统中的低收入者提供行为健康服务。这个项目源于之前麦格拉斯博士给当地医疗机构中他素未谋面的人打电话，并说服他们应该和他合作一个项目。